Aleatoriedade

ALEATORIEDADE
Deborah J. Bennett

Tradução
Waldéa Barcellos

Martins Fontes
São Paulo 2003

Esta obra foi publicada originalmente em inglês com o título
RANDOMNESS por Harvard University Press.
Copyright © 1998 by The President and Fellows of Harvard College.
Publicado por acordo com Harvard University Press.
Copyright © 2003, Livraria Martins Fontes Editora Ltda.,
São Paulo, para a presente edição.

1ª edição
junho de 2003

Tradução
WALDÉA BARCELLOS

Revisão da tradução
Marina Appenzeller
Acompanhamento editorial
Luzia Aparecida dos Santos
Revisão gráfica
Alessandra Miranda de Sá
Adriana Cristina Bairrada
Produção gráfica
Geraldo Alves
Paginação
Moacir Katsumi Matsusaki

Dados Internacionais de Catalogação na Publicação (CIP)
(Câmara Brasileira do Livro, SP, Brasil)

Bennett, Deborah J., 1950- .
 Aleatoriedade / Deborah J. Bennett ; tradução Waldéa Barcellos.
– São Paulo : Martins Fontes, 2003.

 Título original: Randomness.
 Bibliografia.
 ISBN 85-336-1792-5

 1. Oportunidade – Obras de divulgação 2. Probabilidades – História 3. Probabilidades – Obras de divulgação I. Título.

03-3045   CDD-519.23

Índices para catálogo sistemático:
1. Aleatoriedade : Probabilidades : Matemática aplicada   519.23

Todos os direitos desta edição para o Brasil reservados à
Livraria Martins Fontes Editora Ltda.
Rua Conselheiro Ramalho, 330/340   01325-000   São Paulo   SP   Brasil
Tel. (11) 3241.3677   Fax (11) 3105.6867
e-mail: info@martinsfontes.com.br   http://www.martinsfontes.com.br

Agradecimentos

Sou extremamente grata pelo auxílio prestado pelas bibliotecas e pelos bibliotecários da Bobst Library da New York University, da Public Library de New York City e da Forrest A. Irwin Library da Jersey City State College.

Um Fundo de Pesquisa com Dotação Especial da Jersey City State College garantiu-me o tempo livre muito necessário para que eu pudesse realizar este projeto. Gostaria de agradecer a Kenneth Goldberg da New York University, George Cauthen dos Centers for Disease Control and Prevention, J. Laurie Snell, editor da *Chance News*, e a Chris Wessman da Jersey City State College. Agradeço também a Susan Wallace Boehmer o auxílio para que este livro tomasse forma; e um agradecimento especial a meu irmão, Clay Bennett, pelos fabulosos desenhos das figuras 3, 4, 6, 9, 11, 17 e 18.

Minha gratidão a meu editor, Michael Fisher, por ter sido um mentor constante e ter dado seu apoio cheio de entusiasmo durante o processo de redação.

Finalmente, sou particularmente agradecida a meu marido, Michael Hirsch, pois sem ele eu não poderia ter levado adiante esse esforço. Sua paciência, seu amor e sua compreensão sustentaram-me.

SUMÁRIO

1 Encontros com o acaso   1
2 Por que recorrer à sorte?   13
3 Quando os deuses jogavam dados   33
4 Cálculo de probabilidades   53
5 Exercícios mentais para jogadores   73
6 Acaso ou necessidade?   95
7 Ordem no caos aparente   123
8 Procuram-se: números aleatórios   149
9 A aleatoriedade como incerteza   173
10 Paradoxos em probabilidade   199

Bibliografia   215
Índice analítico   233

1
Encontros com o acaso

Os circuitos do nosso cérebro simplesmente não foram feitos
para resolver muito bem problemas de probabilidade.

Persi Diaconis, 1989

Todos nós já fomos, de algum modo, tocados pelas leis do acaso. Desde o embaralhar das cartas em um jogo de *bridge*, um cara-ou-coroa no início de um jogo de futebol, a espera de um resultado do sorteio para o alistamento militar, até a ponderação dos riscos e benefícios de uma cirurgia no joelho, a maioria dos seres humanos depara com o acaso diariamente. As estatísticas que descrevem nosso mundo probabilístico estão por toda a parte. Um terço das pessoas não sobrevive ao primeiro ataque cardíaco. A probabilidade de uma coincidência no DNA é de 1 em 100 bilhões. Quatro em cada dez casamentos nos Estados Unidos terminam em divórcio. Difundem-se médias de rebatidas no beisebol, pesquisas políticas e previsões do tempo, mas

2 não um entendimento dos conceitos subjacentes a essas estatísticas e probabilidades.

São inúmeros os equívocos, e alguns conceitos parecem ser especialmente problemáticos. Mesmo para os versados em matemática, algumas questões de probabilidade não são tão intuitivas. Apesar das reformas curriculares que deram atenção especial ao ensino de probabilidade nas escolas, a maioria dos professores experientes provavelmente concordaria com o seguinte comentário de um professor de matemática: "Ensinar bem estatística e probabilidade não é fácil."[1]

Mesmo em importantes situações de tomada de decisão, tais como avaliar as provas de culpa ou inocência durante um julgamento, a maioria das pessoas não consegue calcular corretamente as probabilidades objetivas. Os psicólogos Daniel Kahneman e Amos Tversky demonstraram isso com o seguinte exemplo extraído de suas pesquisas:

> Um táxi atropelou uma pessoa à noite e fugiu. Duas empresas de táxi, a Verde e a Azul, operam na cidade. Você recebe os seguintes dados:
> (a) 85% dos táxis da cidade são da Verde e 15% são da Azul.
> (b) Uma testemunha identificou o táxi como sendo Azul. O tribunal testou a fiabilidade da testemunha nas mesmas circunstâncias da noite do acidente e constatou que a testemunha identificou corretamente cada uma das duas cores 80% das vezes e errou nos outros 20%.

▼
1. Burrill, 1990 (p. 117).

Qual é a probabilidade de ser Azul, e não Verde, o táxi que se envolveu no acidente?[2]

A resposta típica seria em torno de 80%. A resposta correta é em torno de 41%. Na verdade, é mais provável que o táxi envolvido no acidente seja Verde e não Azul.

Kahneman e Tversky suspeitam que no problema do atropelamento as pessoas se enganam porque vêem a distribuição percentual de táxis na cidade mais como um fator eventual do que concorrente ou causal. Como outros especialistas salientaram, as pessoas tendem a ignorar, ou no mínimo deixam de captar, a importância da informação sobre a distribuição percentual por ser ela "distante, tênue e abstrata", enquanto a informação alvo é "vívida, premente e concreta"[3]. Ao avaliar a descrição da testemunha ocular, "os jurados" parecem superestimar a probabilidade de que a testemunha ocular relate com precisão o evento específico do atropelamento e fuga, enquanto subestimam o dado mais geral sobre a distribuição percentual dos táxis na cidade, por parecer esta última informação muito pouco específica.

As interpretações equivocadas da distribuição percentual não se limitam às pessoas comuns sem estudo avançado de matemática. As pessoas preparadas apre-

▼
2. Tversky e Kahneman, 1982 (p. 156).
3. Nisbett, Borgida, Crandell e Reed, 1982 (p. 111).

sentam as mesmas tendências e cometem os mesmos erros – quando pensam intuitivamente. Em estudo realizado em uma importante escola de medicina, fez-se a seguinte pergunta aos médicos, aos residentes e aos alunos do quarto ano:

> Se um exame para detectar uma doença, cuja incidência é de um em mil, tiver uma taxa de resultados falso-positivos de 5%, qual é a probabilidade de que uma pessoa com resultado positivo seja realmente portadora da doença, supondo-se que você não conheça nada acerca dos sintomas ou manifestações apresentadas por aquela pessoa?[4]

Quase a metade dos participantes do estudo respondeu 95%. Somente 18% do grupo respondeu corretamente: em torno de 2%. Os que erraram a resposta estavam mais uma vez deixando de levar em conta a importância da informação sobre a distribuição percentual, ou seja, a de que (somente) 1 pessoa entre as 1000 que fizeram o exame apresentará a doença.

A forma sensata de lidar com esse problema em termos matemáticos é a seguinte. Somente uma pessoa em mil tem essa doença, em comparação com as cerca de 50 em mil que obterão o resultado falso-positivo (5% de 999). É muito mais provável que qualquer uma das pessoas que apresentam resultado positivo seja uma das

---

4. Cassells, Schoenberger e Grayboys, 1978 (p. 999). Nesse caso, estamos supondo que o exame faça um diagnóstico correto da doença em todas as ocasiões; ou seja, que não ocorram falso-negativos.

50 com resultado falso-positivo do que aquela que realmente está com a doença. De fato, a razão é de 1 para 51 de que uma pessoa com resultado positivo realmente apresente a doença; e isso se traduz numa probabilidade de somente 2%, mesmo levando-se em consideração o exame que deu positivo.

Uma outra forma de colocar a questão é que a probabilidade de apresentar essa doença vai de 1 em 1000, quando a pessoa se submete ao exame, a 1 em 51 se o resultado do exame for positivo. Esse é, com certeza, um grande aumento no risco, mas é muito distante da probabilidade de 95 em 100 em que muitas pessoas erroneamente acreditam após um resultado de exame positivo.

Os resultados falso-positivos não são erros humanos ou de laboratório. Eles acontecem porque os exames exploratórios são projetados para serem extremamente sensíveis na seleção de pessoas que se desviam de algum padrão fisiológico, mesmo que essas pessoas não sejam portadoras da moléstia em questão. Para serem suficientemente sensíveis a ponto de apontar a maioria das pessoas portadoras de tuberculose, por exemplo, os exames intradérmicos para detectar a infecção pelo bacilo sempre fornecerão um resultado positivo para aproximadamente 8% de pessoas não portadoras da infecção, mas que têm outras causas para reagir ao teste. Se 145 pessoas fizerem o exame, o resultado de aproximadamente 20 irá revelar-se positivo. Ainda assim, somente 9 dessas 20 pessoas estarão infectadas pelo bacilo da tuberculose[5].

A taxa de resultados falso-positivos pode ser reduzida desde que se tornem os exames exploratórios menos sensíveis, mas com freqüência isso só aumenta a porcentagem de resultados falso-negativos. Um resultado falso-negativo é o resultado de um exame que não acusa a doença num indivíduo que realmente é portador da enfermidade. Como normalmente se consideram os resultados falso-negativos mais indesejáveis que os falso-positivos (já que as pessoas com resultados falso-negativos não receberão tratamento imediato), os criadores dos exames exploratórios estabelecem um meio-termo, optando por uma porcentagem muito pequena de falso-negativos e uma porcentagem um tanto maior de falso-positivos do que preferiríamos obter. No caso da tuberculose, em que aproximadamente 7,5% das pessoas examinadas receberão resultados falso-positivos, somente 0,69% (aproximadamente 1 pessoa em cada 145 que fizeram o exame) receberão um resultado de exame falso-negativo. Em outras palavras, das 145 pessoas submetidas ao exame para a detecção de tuberculose por meio desse método, 9 casos

▼
5. Os números relatados quanto à precisão do exame intradérmico de Mantoux variam de acordo com a incidência da tuberculose na população submetida aos exames. Essas são estimativas para fins de ilustração e baseiam-se em Remington e Hollingworth (1995) e no Comitê de Doenças Infecciosas da Academia Americana de Pediatria (1994). As estimativas da incidência da infecção pelo bacilo da tuberculose na população basearam-se em conversas com epidemiologistas do Centro para Prevenção e Controle de Doenças.

da doença serão detectados e um caso permanecerá não detectado (ver Figura 1).

Considerando-se que mesmo profissionais de saúde bem treinados podem errar na interpretação de dados estatísticos dessa natureza, não devemos nos surpreender com o fato de que a probabilidade costume parecer estar em conflito com a opinião intuitiva dos seus pacientes e de outras pessoas leigas.

Além das interpretações equivocadas da distribuição percentual, os psicólogos demonstraram que as pes-

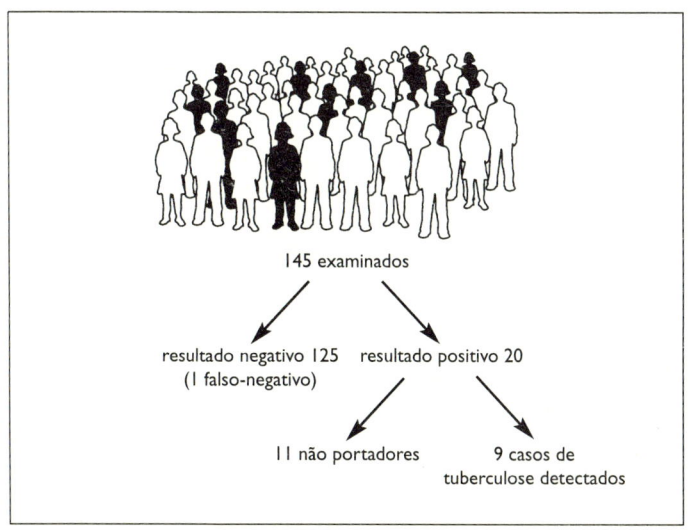

Figura 1 Realmente doente ou realmente saudável? Se uma pessoa passar por um exame de rotina para a detecção da tuberculose, ela tem uma probabilidade de 10 em 145 (em torno de 7%) de estar com a infecção no momento do exame. Se o resultado for positivo, a probabilidade de que o paciente esteja com tuberculose sobe para 9 em 20 (45%). Se o resultado for negativo, ainda assim o paciente tem a probabilidade de 1 em 125 de estar com a doença (em torno de 0,8%); o risco inicial foi drasticamente reduzido, mas não eliminado pelas "boas notícias" do médico.

8 soas estão sujeitas a outros enganos rotineiros ao avaliar as probabilidades, como exagerar na variabilidade da probabilidade e prestar muito mais atenção ao curto prazo que ao longo prazo[6]. Por exemplo, a idéia de ampla aceitação de que, quando se joga uma moeda, uma coroa deve seguir a uma série de caras é errada. As crianças parecem particularmente suscetíveis a esse engano. Jean Piaget e Barbel Inhelder, que estudaram o desenvolvimento do pensamento matemático nas crianças e cujo trabalho será descrito várias vezes nos próximos capítulos, salientaram que "em contraste com as operações [lógicas e aritméticas], a probabilidade é descoberta gradualmente"[7].

Seria o caso de pensar que as experiências adquiridas ao longo da vida deveriam solidificar algumas intuições corretas sobre a estatística e a probabilidade. Algumas idéias intuitivas a respeito da probabilidade parecem, sim, preceder as idéias formais, e, se corretas, são um auxílio ao aprendizado; mas, se forem incorretas, podem prejudicar a compreensão de conceitos probabilísticos. Kahneman e Tversky concluíram que os princípios da estatística não são aprendidos com as experiências do dia-a-dia porque os indivíduos não se concentram nos detalhes necessários para adquirir esse conhecimento[8].

▼
6. Kahneman e Tversky, 1982 (p. 32).
7. Piaget e Inhelder, 1975 (p. 212).
8. Kahneman e Tversky, 1974 (p. 1130).

Não é de surpreender que, ao longo da história da nossa espécie, a conquista de um entendimento da probabilidade tenha sido extremamente gradual, espelhando a forma como o entendimento da aleatoriedade e da probabilidade se desenvolve em um indivíduo (se é que se desenvolve). O relacionamento humano com o acaso começa na Antiguidade, como veremos nos capítulos 2 e 3. Os arqueólogos descobriram dados, ou ossos semelhantes a dados, entre os artefatos de muitas civilizações primitivas. O costume de tirar a sorte é descrito nos escritos das antigas religiões, e os sacerdotes e os oráculos previam o futuro "jogando ossos" ou observando se um número par ou ímpar de seixos, nozes ou sementes era despejado em uma cerimônia. Alguns mecanismos de tirar a sorte, ou aleatorizadores, usados para a adivinhação (a busca da orientação divina), para a tomada de decisões e para os jogos foram descobertos em toda a Mesopotâmia, no vale do Indo, no Egito, na Grécia e no Império Romano. No entanto, os primórdios da compreensão da probabilidade datam de meados do século XVI, e o assunto só foi discutido seriamente quase um século mais tarde. Os historiadores perguntam-se por que o progresso conceitual nesse campo foi tão lento se os humanos se deparam com a probabilidade repetidamente desde tempos remotos.

A resposta parece ser a dificuldade de entender a aleatoriedade. A probabilidade baseia-se no conceito de um evento aleatório, e a inferência estatística baseia-se na distribuição de amostras aleatórias. Freqüentemente pressupomos que o conceito da aleatoriedade é óbvio; mas, na verdade, mesmo hoje, os especialistas têm diferentes visões dela.

Esse livro irá examinar a aleatoriedade e várias outras noções que foram cruciais para o desenvolvimento histórico do pensamento probabilístico – e que também desempenham um importante papel para o indivíduo compreender (ou compreender mal) as leis do imprevisível. Investigaremos uma série de idéias ao longo dos próximos capítulos: ➤ Por que, desde tempos imemoriais até hoje, as pessoas se baseiam no acaso para tomar decisões? ➤ Uma decisão tomada por uma escolha aleatória é justa? ➤ Qual o papel dos jogos de azar na nossa compreensão da probabilidade? ➤ Eventos extremamente raros são prováveis a longo prazo? ➤ Por que algumas sociedades e alguns indivíduos rejeitam a aleatoriedade? ➤ Será que a aleatoriedade existe realmente? ➤ Qual é a contribuição da informática para o pensamento probabilístico moderno? ➤ Por que até mesmo os especialistas discordam a respeito dos muitos significados da aleatoriedade? ➤ Por que a probabilidade é tão não-intuitiva?

Todos nós temos alguma idéia sobre as "chances" de um evento ocorrer. Abordamos o assunto probabilidade com alguma intuição a respeito desse tópico. Entretanto, como frisou há muito tempo o eminente matemático do século XVIII, Abraham De Moivre, os problemas relativos à probabilidade geralmente aparentam ser simples e passíveis de solução com o bom senso natural, só para demonstrarem o contrário[9].

▼
9. Abraham De Moivre, 1756.

2

POR QUE RECORRER À SORTE?

"Não é justo, não é certo", gritou a Sra. Hutchinson.
E em seguida eles se abateram sobre ela.

SHIRLEY JACKSON, *The lottery*

Os aleatorizadores do dia-a-dia não são muito sofisticados. Para resolver uma disputa e determinar qual criança irá sentar-se no banco da frente do carro, por exemplo, um pai pode recorrer ao jogo dos "palitinhos". Uma criança segura dois palitinhos ou cerdas de vassoura com as pontas escondidas, e a outra criança escolhe um palitinho ou uma cerda. A criança com o palitinho ou a cerda menor vence. Muitas diversões para adultos – desde os antiquados *cake walks** e os bingos de sexta-feira à noite às rifas escolares e às loterias milionárias – recorrem a sorteios simples. As roletas giram

▼
* *Cake walk* é uma brincadeira de salão na qual os participantes devem parar de dançar no instante em que a música for interrompida inesperadamente, cabendo a cada participante o número de pontos previamente marcado em diversos locais no piso da pista de dança. (N. da T.)

nos jogos de tabuleiro das crianças e nos cassinos de Las Vegas, os adolescentes brincam de girar uma garrafa. Os dados, que estão entre os mais antigos aleatorizadores conhecidos, ainda são populares em diversas faixas etárias e vários grupos étnicos.

Apesar de jogos com as mãos, sorteios, roletas, dados, moedas e cartas não serem instrumentos muito complicados, nossas atitudes em relação ao seu uso são muito mais complexas. Quando as sociedades primitivas precisavam fazer algum tipo de escolha, recorriam freqüentemente a aleatorizadores por três razões básicas: garantir a justiça, evitar a discórdia e obter orientação divina. As idéias modernas sobre o uso do acaso na tomada de decisões também invocam questões de justiça, resolução de disputas e até mesmo intervenção sobrenatural, embora atualmente costumemos pensar a respeito desses conceitos de forma um pouco diferente.

É interessante que essas três razões sejam exatamente as mesmas apontadas pelas crianças quando os psicólogos lhes perguntam por que usam jogos de eliminação, como o "uni-duni-tê". Noventa por cento das vezes, as crianças responderam que a eliminação dava a elas chances iguais de serem selecionadas. Outras razões alegadas foram a de evitar atritos e permitir algum tipo de interferência mágica ou sobrenatural[1]. É evidente

---

▼

[1]. Goldstein, 1971 (p. 172). Goldstein parafraseou as várias respostas e observou que as porcentagens ultrapassam 100% em decorrência de respostas múltiplas.

POR QUE RECORRER À SORTE?

que a idéia de justiça é um elemento intuitivo importante da noção que as crianças têm do fenômeno aleatório. É claro que as crianças acabam aprendendo que os jogos de eliminação na realidade não são justos: a escolha pode ser manipulada pela recitação mais lenta ou mais rápida dos versos, ou pela mudança do ponto em que tem início a recitação. Assim que se dão conta disso, as crianças geralmente passam para métodos melhores de aleatorização.

Quando o acaso determina o resultado, nenhuma quantidade de inteligência, habilidade, força, conhecimento ou experiência pode dar vantagem a um único jogador, e a "sorte" surge como uma força equalizadora. O acaso é uma forma justa de determinar os movimentos em alguns jogos e em algumas situações da vida real. O elemento aleatório permite que cada participante acredite: "Eu tenho as mesmas oportunidades que o meu adversário".

Algumas dessas situações podem ser classificadas acertadamente como "resolução de problemas e conclusão de problemas". Se temos sentimentos opostos diante das alternativas e realmente não nos importamos com a decisão que será tomada, mas reconhecemos que alguma decisão precisa ser tomada, um simples cara ou coroa pode nos aliviar da responsabilidade, do tempo e do raciocínio necessários para analisar as alternativas.

Ou talvez nos importemos com a decisão que será tomada, mas nos encontremos num impasse – como

16 numa discussão para saber se uma jogada específica é válida ou não numa partida de futebol. Se ambos os lados não arredarem o pé de suas posições, o jogo não pode se reiniciar. Embora a decisão no cara ou coroa possa não ser justa, no sentido de não determinar quem estava certo e quem estava errado, qualquer decisão em que ambas as partes tenham uma chance igual de ganhar pode ser melhor do que o impasse. Portanto, uma segunda importante razão para recorrer ao acaso é evitar a desavença e permitir que o espetáculo prossiga.

Como as crianças têm uma forte noção de justiça, sua exploração do conceito do acaso costuma levar à questão: "O acaso é justo?" E, em algumas situações, como as crianças logo descobrem, o acaso não é justo. Há muitas ocasiões em que o "revezamento" pareceria ser a maneira justa de resolver um conflito ou de fazer uma escolha, e a escolha pelo acaso pareceria totalmente injusta.

Por exemplo, a seleção aleatória de uma criança em particular para um privilégio ou alguma tarefa honrosa diária ou semanal pode causar em crianças pequenas a impressão de ser justa a princípio, mas é possível que um ou mais indivíduos sejam selecionados mais de uma vez, enquanto outros nunca são selecionados. De fato, qualquer resultado é possível quando a seleção é aleatória, como veremos. O que já aconteceu não afeta as probabilidades do que pode acontecer na vez seguinte; quatro coroas uma após a outra não tornam uma cara mais provável no próximo lançamento da moeda. Para as crianças mais velhas que conseguem entender isso, a escolha aleatória pode parecer injusta – injusta no mesmo sentido em que o revezamento é justo. Para aqueles que não foram selecionados não serve de consolo saber que, se o "longo prazo" for suficientemente longo, eles serão selecionados o mesmo número de vezes.

Quando se designa alguém para fazer uma tarefa desagradável ou quando existe o envolvimento da culpa ou da punição, as escolhas feitas por sorteio podem parecer totalmente injustas. Num ensaio lido no rádio alguns anos atrás sobre a injustiça do acaso, uma escritora relatou uma experiência pela qual havia passado como jovem aluna de uma escola católica. A quaresma, a temporada cristã para a penitência, costuma ser a época em que as pessoas renunciam a alguns prazeres e maus hábitos enquanto refletem sobre todos os atos dos quais deveriam se arrepender. Na escola católica em que a escritora estudava havia um sorteio para determinar a qual prazer cada criança seria obrigada a renunciar durante os quarenta dias da quaresma.

Hesitante, cada aluna retirou seu papelzinho dobrado e anunciou o mau hábito do qual deveria se abster por quarenta dias: sorvetes, barras de chocolate, gibis e coisas do gênero. Quando a escritora misturou os papeizinhos, tirou um aleatoriamente e leu sua escolha, ouviu-se uma inspiração seguida de um silêncio que encheu a sala – TELEVISÃO. Num sorteio em que

18 todos os prêmios são ruins, mas um é *muito pior que os outros*, os sorteios aleatórios podem não parecer justos de modo algum.

O conto de Shirley Jackson, "The Lottery", me impressionou profundamente quando o li pela primeira vez ainda jovem. A história se passa no dia da loteria anual numa cidadezinha da Nova Inglaterra. O drama se estabelece enquanto todos os cidadãos aguardam a extração que segue uma tradição já abandonada pelas cidadezinhas próximas por ser considerada arcaica. Aos poucos o leitor percebe que os habitantes não desejam ser sorteados. Finalmente sai o nome da senhora Hutchinson: ela foi escolhida para o ritual anual de apedrejamento da cidade[2].

Uma interessante referência à injustiça de uma decisão antiga realizada por sorteio pode ser encontrada no Talmude. A raramente questionada noção dos hebreus de que tudo acontece sob a orientação do Senhor tem uma exceção na historia de Acan. Para determinar a parte culpada num determinado delito, Josué tirou a sorte e a culpa coube a Acan, que disse: "Josué, tu me condenas por um simples sorteio? Tu e Eleazar, o Sacerdote, sois os dois maiores homens de sua geração. No entanto, se fosse eu a tirar a sorte entre vós dois, a culpa poderia caber a um de vós." Acan protestou por sua culpa ter sido determinada por sorteio, argumentando

---

[2]. Jackson, 1948.

que, culpado ou inocente, a sorte necessariamente tem de recair sobre *alguém*.

Mas Acan foi o único a levantar objeções quanto ao uso de um mecanismo aleatório para uma determinação tão importante. Para todos os outros, era óbvio que o sorteio manifestava o julgamento de Deus e não o acaso cego. A intervenção divina havia identificado corretamente o culpado. Acan terminou confessando sua culpa e foi castigado para cessar seu irreverente questionamento da utilização de sorteios. Os líderes que decidiram a culpa por sorteio tinham a seu favor ampla munição psicológica para fazer com que o suspeito se sentisse suficientemente constrangido para confessar seu pecado – talvez constrangido a ponto de confessar um pecado que não tivesse cometido[3].

Atualmente costumamos pensar que as decisões importantes devem ser criteriosas e basear-se na lógica e não no acaso. Quando o resultado da decisão não tem grandes conseqüências, ou quando nos achamos numa situação na qual simplesmente não conseguimos optar entre alternativas, nesse caso, e somente nesse caso, a maioria das pessoas deixa a decisão para o acaso.

Mas nem sempre foi assim. Nos tempos antigos, os aleatorizadores que eliminavam qualquer elemento da lógica ou da habilidade humana desempenhavam um papel importante em jogos e em decisões relevantes da vida.

▼
3. Sanhedrin 43b, *in* Epstein. 1935. Ver Hasofer, 1967.

20 *Antigos aleatorizadores em jogos de azar*

Embora nem sempre aceitos ou reconhecidos como tal, os mecanismos de acaso são usados desde a Antiguidade: para dividir propriedades, delegar privilégios ou responsabilidades civis, resolver disputas entre vizinhos, escolher a estratégia a adotar durante a batalha e determinar o lance em jogos de azar.

As escavações arqueológicas em Ur descobriram vários jogos de tabuleiro originários da antiga Babilônia. Um deles, datado de cerca de 2700 a.C., foi achado completo com as peças ou "pedras" para jogar. Acredita-se que o jogo obedecia a alguma espécie de mecanismo de acaso, embora nenhum tenha sido encontrado. No sítio do palácio de Cnossos em Creta, foi descoberto um tabuleiro com um complexo trabalho de marchetaria da civilização minóica de 2400-2100 a.C. Embora nenhuma tábua ou dado tenham sido encontrados, acredita-se que o jogo era similar ao gamão[4].

Tabuleiros encontrados em sítios mais recentes da Babilônia, da Assíria, da Palestina e outros assemelham-se a um jogo originário do Egito antigo, que tem muito em comum com o moderno *cribbage*. Pinos que se encaixam em furos marcam o caminho pelo tabuleiro. Um jogo de tabuleiro semelhante a *Snakes and*

▼

4. A história das escavações em Ur pode ser encontrada em Woolley, s.d., e Woolley, 1928. Uma descrição dos achados arqueológicos também pode ser encontrada em "Ancient die", 1931. Evans, 1964, descreve as descobertas em Cnossos.

Ladders* ou uma forma primitiva de gamão, datado de 1878-1786 a.C., foi desenterrado de um túmulo egípcio em Tebas, com peças de marfim em forma de cães e chacais[5].

Por que tantos tabuleiros antigos apareceram sem seus respectivos dados? Talvez se usassem outros implementos mais antigos, e esses objetos não sejam hoje identificados por nós como dados. Os arqueólogos possivelmente ainda não estabeleceram se conchas, seixos ou outros objetos achados na natureza eram lançados como dados. Ou talvez os objetos fossem feitos de materiais como a madeira ou plantas que há muito já se decompuseram. Outra possibilidade é que alguma parte do corpo, como os dedos, fosse usada para determinar os números e movimentar o jogo. Nesse caso, nenhum artefato identificável como aleatorizador poderia ter sido encontrado.

Os dados mais antigos de seis faces conhecidos vieram do Oriente. Feito de barro cozido e datado de cerca de 2750 a.C., encontrou-se um dado em Tepe Gawra, escavações da antiga Mesopotâmia no norte do Iraque. Acharam-se dados datados aproximadamente do mesmo período e feitos do mesmo material em todos os

▼
* Trata-se de um jogo de tabuleiro em que o jogador recua quando cai numa casa das serpentes (*snakes*) e avança quando cai numa casa das escadas (*ladders*). (N. da T.)
5. Ver Carnarvon e Carter, 1912; Petrie e Brunton, 1924; e Gadd, 1934, para descrições dos tabuleiros encontrados em sítios arqueológicos babilônios, assírios, palestinos e outros. O tabuleiro de uma tumba egípcia em Tebas está na mostra permanente do Metropolitan Museum of Art da cidade de Nova York; sua escavação é descrita em Carnarvon e Carter, 1912.

estratos das escavações de Mohenjo-Daro no vale do Indo – inclusive dados alongados de seção retangular e triangular, bem como dados cúbicos (ver Figura 2). Nos dois sítios, as faces dos dados de seis lados estavam marcadas com pequenos sinais redondos (pontos). Naquela época, provavelmente se usavam esses pontos porque não havia ainda um sistema de notação numérica, mas a tradição de usar pontos em vez de números em dados se manteve na maioria dos dados modernos[6].

Os dados de seis lados foram encontrados no Egito em escavações datadas de 1320 a.C., mas os ossos parecidos com dados usados como dispositivos para sorteio foram descobertos em sítios arqueológicos egípcios muito mais antigos. Esses ossos em particular, encontrados também nas civilizações gregas e romanas mais

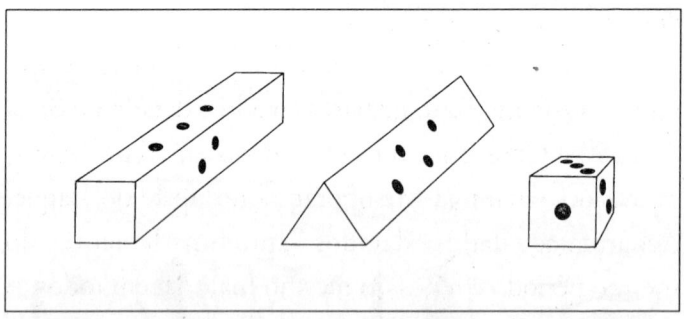

Figura 2 Antigo dado prismático retangular, dado prismático triangular e dado cúbico.

▼

6. O dado encontrado em escavações do norte do Iraque é descrito em "Ancient die", 1931. Ver também Mackay, 1976, e Bhatta, 1985. A hipótese de os pontos serem usados por não haver um sistema de notação numérica foi sugerido por Davidson, 1949, e David, 1962.

recentes, provêm da pata de animais dotados de cascos, tais como veados, bezerros, ovelhas ou cabras, e são chamados de *tali* (latim) ou *astragali* (grego). O astrágalo tem quatro longas faces planas totalmente diferentes, as únicas em que ele pousaria quando jogado, e duas pequenas extremidades arredondadas. Das quatro faces planas, duas são estreitas e planas e duas são largas, com um lado largo ligeiramente convexo e o outro ligeiramente côncavo. Como cada lado do astrágalo tinha um aspecto diferente (ver Figura 3), não era necessário marcar os lados. Quando eram marcados com pontos, os lados correspondiam a 1, 3, 4 e 6.

Os jogos de azar gregos e romanos eram disputados com quatro astrágalos. O lance de menor valor, conhecido como "os cães", resultava da jogada de quatro uns. No maior lance, conhecido como a jogada de Vênus, cada dado caía com um lado diferente voltado para cima. O osso astrágalo era imitado em marfim, bronze, vidro e ágata, e era usado tanto em cerimônias religio-

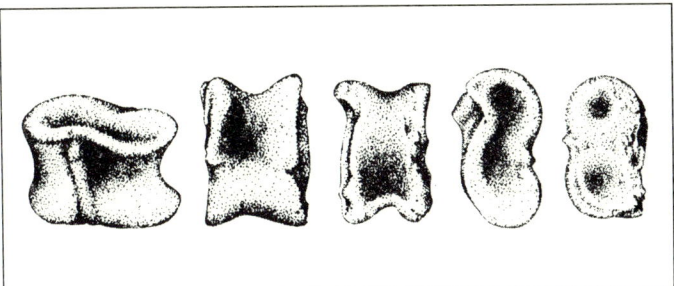

Figura 3 O astrágalo e suas quatro faces diferentes.

sas quanto em jogos. Em grego, a palavra para dado ou cubo é *kubos*, da qual deriva o termo talmúdico para dados, *kubya*, e o termo inglês *cube*. Em árabe, o nome do astrágalo e do dado cúbico é *kab*, que significa tornozelo. Com base nisso, alguns estudiosos concluíram que o astrágalo seria o ancestral do dado cúbico, mas qualquer conexão direta ainda nos escapa[7].

Tabuleiros, peças de jogos e astrágalos foram descobertos em inúmeras escavações no antigo Egito – desde uma câmara mortuária em Tebas, de cerca de 2040-1482 a.C., até a tumba da rainha Hatasu, de cerca de 1600 a.C. No túmulo de Tutancâmon (nascido em 1358 a.C.), os arqueólogos encontraram um tabuleiro com as peças para o jogo, astrágalos de marfim e dados alongados de duas faces, pintadas uma de preto e a outra de branco[8].

As peças para jogos e sorteios mais antigas do Egito talvez fossem ainda mais simples que o astrágalo de quatro faces. Pintados numa tumba da Terceira Dinastia (cerca de 2800 a.C.) e representados ao lado de um tabuleiro, vêem-se varinhas ou pequenos caniços com um lado côncavo e outro convexo, que talvez fossem jogados como moedas no cara ou coroa para determinar os movimentos no tabuleiro. Varinhas de marfim (datadas de cerca de 3000 a.C.) marcadas de um lado e

---

7. Ver Smith, Wayte e Marindin, 1901; Pease, 1920; David, 1962; Hasofer, 1967; *Oxford English Dictionary*, 1989; Culin, 1896.
8. "News and views", 1929; Falkener, 1892.

lisas do outro, acompanhadas de peças de jogo e pinos, aparentemente usados para a contagem dos pontos, foram encontradas em escavações próximas a Tebas (ver Figura 4). O Metropolitan Museum of Art de Nova York mantém essas varinhas ou varetas de jogar de Tebas datadas de cerca de 1420 a.C. em exposição. Acompanhando um tabuleiro e peças do jogo vêm nove varetas de jogar, tingidas de vermelho de um lado, que aparentemente eram lançadas para determinar a movimentação das peças. Alguns arqueólogos também acham que certas contas, com inscrições em um dos lados, podem ter servido como dados de dois lados[9].

Jogos de par ou ímpar e *morra* aparecem representados nas paredes dos antigos túmulos egípcios de Beni Hassan, cerca de 2000 a.C. (ver Figura 5). A *morra* –

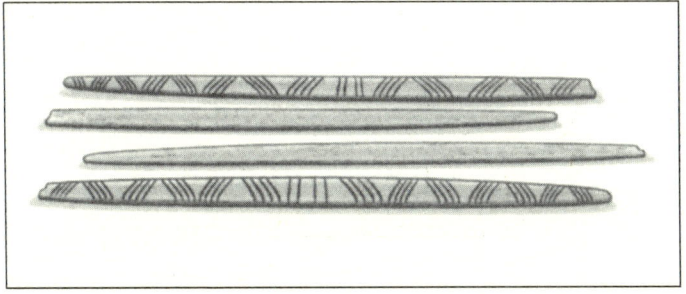

Figura 4 Varetas para jogar de dois lados ou varinhas semelhantes às encontradas em escavações em Tebas, 3000 a.C.

▼
9. Ver Quibell, 1913; Evans, 1964; Petrie e Quibell, 1896. Culin (1896 e 1907) reportou "dados" de dois lados feitos de contas ou conchas, que eram usados como mecanismo de acaso em jogos e práticas divinatórias por africanos e indígenas americanos.

um jogo popular com as mãos, jogado ainda hoje na Itália – era chamada de *micare digitis* pelos antigos romanos. Duas pessoas estendem ao mesmo tempo alguns dedos da mão direita, nenhum ou todos, enquanto tentam adivinhar a soma de dedos estendidos. Em *As vidas dos Césares*, Suetônio descreve um incidente no qual o cruel imperador Augusto exigiu que um pai e filho tirassem a sorte ou jogassem *morra* para decidir qual dos dois teria a vida poupada[10].

O imperador Augusto gostava de jogar, chegando mesmo a fornecer uma soma de dinheiro a seus convidados "caso desejassem jogar dados (*tali*) ou par ou ímpar durante o jantar". Par ou ímpar era um jogo muito apreciado entre os gregos e os romanos, que o chamavam de *par impar ludere*. Uma pessoa segurava um determinado número de feijões, nozes, moedas ou

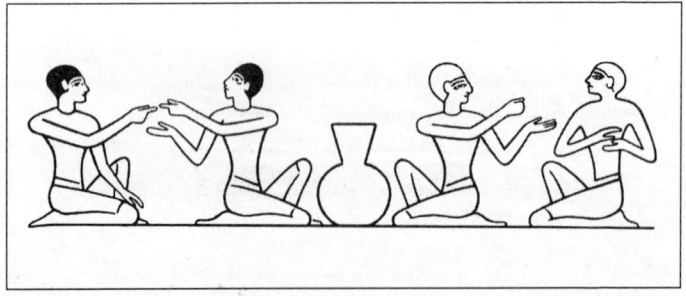

Figura 5 Jogos de *morra* e de par ou ímpar ilustrados nas paredes da tumba de Beni Hassan, 2000 a.C., como documentado pelo historiador grego Heródoto, cerca de 450 a.C.

▼
10. Smith, Wayte e Marindin, 1901; Pease, 1920; Suetônio, *Aug.* 13.

astrágalos na mão, e ganhava o adversário que acertasse se o número de itens era par ou ímpar[11].

Um dos mais antigos documentos escritos sobre os mecanismos de acaso em jogos está entre os poemas védicos de *Rgveda Samhita*[12]. Escrito em sânscrito em cerca de 1000 a.C., esse poema ou canção, intitulado "Lamento do jogador", é um monólogo de um jogador cuja obsessão pelo jogo destruiu seu lar feliz e afastou sua mulher dedicada. O jogador atribui sua desgraça à má sorte – não ao destino ou a um deus –, mas censura sua obsessão pela magia dos dados.

O jogo de azar é a atividade na qual se centra todo um tomo do grande épico védico, *O Mahabharata*. Os principais eventos no *Mahabharata* ocorreram entre 850 a.C. e 650 a.C., embora algumas histórias se reportem à Índia primitiva, pré-védica. Partes do épico foram escritas ainda em 400 a.C. e outras até em 400 d.C.[13]. Pelo *Mahabharata*, ficamos sabendo que se rolavam ou jogavam os dados sobre um tabuleiro e que estes eram feitos de castanhas marrons, provavelmente de uma árvore chamada *vibhitaka*. Essas castanhas duras são quase redondas, mas têm cinco lados ligeiramente achatados; têm aproximadamente o tamanho da avelã ou da noz-moscada. Parece que o jogo se baseava

---

11. Suetônio, *Aug.* 71. Ver Smith, Wayte e Marindin, 1901.
12. Winternitz, 1981 (p. 103), cita uma tradução de A. A. Macdonell de *Hymns from the Rgveda* (pp. 88 ss.).
13. Ver B. Walker, 1968; Hacking, 1975; van Buitenen, 1975.

num simples par ou ímpar e não tinha nada a ver com o fato de o dado ter cinco lados. Uma grande quantidade de dados (castanhas) era espalhada sobre o tapete de jogo. Eles não eram marcados, ou, se fossem, isso era irrelevante para as regras do jogo. Os dois adversários combinavam o número de partidas e as apostas. O primeiro jogador escolhia par ou ímpar e pegava um punhado de dados, que eram em seguida jogados e contados. Se o jogador adivinhasse corretamente, ganhava a aposta e o jogo acabava. Se não, ele perdia a aposta, e a vez de jogar passava a ser do seu adversário[14].

Num segmento do épico (a história de Nala), há indícios de que a habilidade no jogo de *vibhitaka* estaria de algum modo relacionada à capacidade de contar um grande número de castanhas com grande rapidez. Nessa história, um homem chamado Nala vai trabalhar para um rei, que afirma: "Saiba que eu conheço o segredo dos dados e sou especialista em contar."[15] Para demonstrar seu talento para contar, o rei conta o número de castanhas em dois grandes galhos de uma *vibhitaka*. Seu método de "contar" consiste em primeiro estimar a proporção entre as folhas e as castanhas no chão e as que estão na árvore, para em seguida estimar a proporção entre folhas e castanhas. Finalmente, estimando o número de fo-

▼
14. Ver Tylor, 1879; B. Walker, 1968. De Vreese, 1948, analisa as regras do jogo da *vibhitaka*.
15. *Mahabharata* 3(32)70.23, trad. de van Buitenen, 1975. Hacking, 1975 (p. 7), relata uma tradução diferente, de H. H. Milman: "Eu dos dados detenho a ciência e tenho habilidade para lidar com números."

lhas nos dois galhos, o rei é capaz de dizer que existem 2.195 castanhas nos dois galhos. As castanhas são contadas, e é claro que ele está totalmente certo.

Teoricamente essa contagem instantânea produziria um especialista no jogo *vibhitaka* de par ou ímpar, mas alguns estudiosos acreditam que a história de Nala fosse uma idealização. Tamanha habilidade não seria efetivamente possível; tratava-se de um jogo de azar[16]. Outros, entretanto, apontam que existem na Índia moderna avaliadores profissionais, chamados *kaniya*, que avaliam o resultado da safra para proprietários rurais com extraordinária precisão. Como a confiabilidade desses avaliadores foi se estabelecendo ao longo dos anos, seus resultados raramente são questionados. Se essa habilidade de estimar era possível ou não, levando em conta a antigüidade do *Mahabharata*, sinto-me inclinada a concordar com Ian Hacking quando diz que a história de Nala fornece uma "curiosa visão acerca da conexão entre o jogo de dados e a amostragem"[17].

Outro antigo jogo indiano era jogado com dados alongados de madeira ou marfim, chamados *pasakas* – prismas retangulares com quatro lados longos e planos, marcados com pontos para permitir a contagem. Havia, de fato, vários tipos de dados conhecidos na Índia antiga – lascas de madeira de duas faces, moedas,

▼
16. De Vreese, 1948.
17. Grierson, 1904; Hacking, 1975 (p. 7).

conchas, castanhas de cinco faces, *pasakas* de quatro faces e dados cúbicos de seis faces. Os diferentes tipos de dados podem ter existido na mesma época, e não se sabe ao certo qual apareceu primeiro. Um estudioso especulou que os pontos nas *pasakas* seriam uma representação simbólica das verdadeiras castanhas *vibhitaka*, mostrando com isso a evolução dos dados a partir dos tipos mais primitivos de aleatorizadores[18].

Encontramos uma grande variedade de peças de sorteio usadas em jogos pelos índios americanos. Os jogos diferem principalmente pela escolha dos próprios dados, pois as tribos encontravam-se limitadas aos materiais disponíveis. Com poucas exceções, os dados tinham duas faces – uma côncava e a outra convexa, ou uma face marcada ou pintada de uma maneira distintiva. Os dados de duas faces eram feitos de ossos, madeira, sementes, dentes de marmota ou castor, cascas de nozes, ripinhas de nogueira-amarga, garras de corvo ou caroços de ameixa. Os esquimós usavam dados de seis faces de marfim e madeira, com o formato semelhante ao de uma cadeira, embora apenas três lados contassem. Os índios papago usavam astrágalos de bisão como dados, contando apenas dois lados[19].

A ampla distribuição desses jogos pelo Novo Mundo parece corroborar a hipótese de que esses dados são

---

18. Sugestão de De Vreese, 1948 (p. 362). Ver também Tylor, 1873; Held, 1935.
19. Culin, 1907 (p. 45).

muito antigos, anteriores à chegada de Colombo, e de que não foram importados[20]. O jogo de adivinhação de par ou ímpar, freqüentemente jogado com varetas, também parece ser aborígine entre os índios americanos.

Desde os primórdios da civilização, as pessoas inventam mecanismos simples com o objetivo de excluir de suas brincadeiras e de suas decisões mais sérias a habilidade, a inteligência e a vontade humanas. Ainda assim, paradoxalmente, como veremos no Capítulo 3, em geral os antigos acreditavam que o resultado dos acontecimentos era em última análise controlado por uma divindade, não pelo acaso. O uso de mecanismos de acaso para solicitar orientação divina é chamado de adivinhação, e as medidas tomadas para assegurar a aleatoriedade tinham o mero intuito de eliminar a possibilidade da interferência humana, para que ficasse clara a vontade da divindade.

▼
20. Tylor, 1896; Culin, 1896, 1903, 1907; Erasmus, 1971.

3
QUANDO OS DEUSES JOGAVAM DADOS

A lei fundamental dos dados era que os deuses... sempre [deixavam] vencer o homem que menos se importasse com a vitória. A única maneira de ganhar nos dados era, portanto, cultivar um genuíno desejo de perder.

ROBERT GRAVES, *Eu, Cláudio*

Na Antiguidade, quer os mecanismos de sorteio fossem usados para tomar decisões importantes, quer para jogos de azar, existia uma sólida crença de que os deuses controlavam seus resultados. A finalidade do uso de aleatorizadores, como bilhetes de sorteio ou dados, era eliminar a possibilidade de manipulação humana, dando assim aos deuses um amplo canal pelo qual pudessem expressar sua vontade divina. Mesmo hoje, algumas pessoas vêem o resultado do acaso como sina ou destino, como o que "tinha de ser".

Os métodos para assegurar a aleatoriedade de um sorteio já eram mencionados na época de Homero (cerca de 850 a.C.). Na *Ilíada*, em que ele relata as aventuras dos gregos durante a guerra de Tróia (supostamente no século XII a.C.), é feito um sorteio para revelar quem deveria atirar a primeira lança num duelo entre Menelau e Páris. A sedução de Helena, mulher de Menelau, por Páris precipitou a invasão grega a Tróia, mas no momento do duelo a cidade ainda não havia sucumbido aos gregos. As peças que representariam os dois homens foram colocadas num capacete (as peças tinham sido provavelmente marcadas ou designadas de alguma forma), sacudiu-se o capacete, o povo em volta começou a rezar para os deuses, e o guerreiro cuja peça foi sorteada por Heitor – comandante das forças de Tróia – foi o escolhido para arremessar a primeira lança.

Apesar de Homero deixar claro em toda a *Ilíada* que os deuses tinham poder absoluto para manipular os acontecimentos, acreditamos que os gregos estipularam procedimentos para impor justiça ao sorteio. Na frase "Heitor, do capacete brilhante, sacudiu as peças, olhando para trás, e imediatamente a peça de Páris saltou fora" notamos duas idéias interessantes[1]. Primeiro, as peças precisam ser *misturadas* – parece que mesmo com intervenção divina, devem-se tomar medidas para impedir a intervenção humana. Em segundo lugar, Heitor está *olhando para trás*, exatamente como uma pessoa poderia fechar os olhos para ser imparcial na escolha.

Num trecho posterior da *Ilíada*, foi usado um sorteio para escolher qual soldado grego iria lutar com o

▼
1. Homero, *Ilíada*, 3.314 ss.

próprio Heitor. Cada soldado "marcou uma peça para si", colocaram-se as peças num capacete, fizeram-se preces aos deuses, as peças foram misturadas, "e uma peça pulou do capacete"[2]. Apenas aquele que a havia marcado reconheceu sua própria peça, o que não era de surpreender já que o alfabeto grego entrou em uso depois da guerra de Tróia.

Na literatura antiga, não é raro ver referências aos objetos de sorteio como se fossem animados – pulando do capacete nesse caso. Piaget e Inhelder, em seu trabalho sobre as idéias das crianças a respeito do acaso, descrevem respostas semelhantes na forma como as crianças expressam seu pensamento. Quando lhes perguntaram como ficaria o padrão das cores quando as bolas coloridas fossem misturadas aleatoriamente, as crianças menores responderam: "Ninguém pode dizer com certeza porque nós não somos bolas" e "Elas sabem para onde ir porque são elas que têm que ir."[3]

Escrevendo muitos séculos depois de Homero, em torno de 98 d.C., o historiador romano Tácito descreveu o método teutônico de adivinhação com peças:

> Por profecias e adivinhações eles têm o maior respeito. Seu procedimento para tirar a sorte é sempre o mesmo. Eles arrancam um galho de uma árvore de castanhas e o cortam em tiras; marcam essas tiras com sinais diferentes e as jogam aleatoriamente

---
2. *Ibid.*, 7.171 ss.
3. Piaget e Inhelder, 1975 (p. 7).

sobre um pano branco. Então o sacerdote do estado, se a consulta for pública, ou o pai de família, se for particular, oferece uma oração para os deuses e, olhando para o céu, recolhe três tiras, uma por vez, e lê seu significado a partir dos sinais anteriormente marcados nelas[4].

A referência ao fato de olhar para o céu antes de tirar a sorte poderia ter várias interpretações. O sacerdote poderia estar procurando assegurar aos espectadores que não estava interferindo na sorte, tal como fez Heitor ao olhar para trás. Ou, ao contrário, da mesma forma que um mágico usa o ilusionismo para desviar a atenção da platéia da prestidigitação, o adivinho poderia estar desviando a atenção dos espectadores para que não vissem sua interferência. Ou, em associação com as preces, olhar para o céu poderia reforçar o apelo à orientação divina.

Além da mistura das peças e do desvio do olhar, muitas vezes usava-se uma criança para fazer o sorteio. Cícero relata que as peças em Praeneste no templo de Fortuna eram tiradas somente sob a orientação da deusa e depois misturadas e sorteadas por uma criança. A pureza das crianças as tornava o instrumento adequado da vontade divina, pois elas seriam supostamente imunes a desvios intencionais[5].

Os comentários hebraicos da Idade Média sugerem ainda outras medidas que poderiam ser tomadas para

▼
4. Tácito, *Germania* 10.
5. Cícero, *De div.* 2.51.85-87. Ver Pease, 1920.

criar aleatoriedade num sorteio. A respeito do sorteio do bode expiatório a ser sacrificado no dia do perdão, Moisés Maimônides escreve:

> Quanto às duas peças: em uma delas foi escrito "para Deus", e na outra foi escrito "para Azazel". Elas poderiam ser de qualquer material: madeira, pedra ou metal. Entretanto, uma não poderia ser grande e a outra pequena, uma de prata e a outra de ouro. Ao contrário, ambas deveriam ser iguais... As duas peças eram colocadas em um recipiente onde se pudesse pôr as duas mãos, para que alguém ali colocasse as duas mãos sem apanhar de propósito [uma peça específica]... O supremo sacerdote sacudia a urna e tirava com suas duas mãos duas peças referentes aos dois bodes.

Na tradição hebraica, era considerado um bom presságio se a peça "para Deus" saísse na mão direita do sacerdote[6].

No Antigo Testamento, sorteavam-se peças para escolher o bode para a expiação dos pecados, para escolher uma data específica para o sacrifício, para delegar autoridade, para atribuir responsabilidades, para selecionar os residentes de Jerusalém e para identificar o culpado de algum delito. Quando um único indivíduo tinha de ser selecionado dentro de um grande grupo, normalmente se procedia a vários estágios de seleção – o que poderíamos chamar hoje em dia de amostragem à base de conglomerados. Primeiramente, era selecionada uma tribo entre todas as tribos; depois, era escolhida uma família da tribo; e, da família, um indivíduo.

---

6. A citação de Maimônides é de Hasofer, 1967 (p. 40); ver também Rabinovitch, 1973.

Nesses casos, as peças para o sorteio representavam indivíduos, famílias ou tribos[7].

No Antigo Testamento, os sorteios normalmente mencionados eram para dividir a herança de propriedades, terras conquistadas e pilhagens de guerra. Depois do levantamento e da divisão da área a ser repartida, as próprias peças do sorteio eram provavelmente marcadas para representar cada parcela do terreno[8]. Dessa maneira, as palavras que designavam as peças do sorteio [lot] adquiriram outros sentidos, como o de uma extensão de terra, de uma função designada ou do destino de uma pessoa. O *Assyrian Dictionary* define a palavra *isqu* com o significado de "lot (como um dispositivo de selecionar)" mas também como uma "divisão [share] (de uma porção de terra, de rendas, de propriedade ou de pilhagem... designada por sorteio)", e também como "sorte, sina ou destino"[9].

As referências talmúdicas indicam que, em alguns casos, eram usadas *duas* urnas de peças de sorteio. Em uma, estavam as peças com o nome dos participantes; na outra, as peças que representavam a descrição da demarcação das terras. Uma peça tirada de cada urna determinava a distribuição das terras[10]. Esse pode ser um

▼

7. As referências bíblicas são da versão inglesa chamada *King James Version* de *The Holy Bible:* Lv 16,8; Est 3,7; 9,24 ss.; 1 Sm 10,20; I Cr 24,5 ss.; 25,5 ss.; 26,13 ss.; Jz 20,9; Na 10,34; 11,1; 1 Sm 14,41 ss.; Jn 1,7; Js 7,16 ss.; 1 Sm 10,20 ss.; Js. 7:16 ss.
8. Ver Nm 26,53 ss.; 33,54; 34,13; 36,2; Js 14,2; 15,1; 16,1; 17,1 ss.; 18,6 ss.; 19,1.10.17; 21,4 ss.; 1 Cr 6,39 ss.; Jl 3,3; Na 3,10; Na 3,10; Sl 22,18.
9. Lichtenstein e Rabinowitz, 1972; Oppenheim, Gelb e Landsberger, 1960.
10. Hasofer, 1967.

plano melhor para a aleatorização que a organização de uma só urna. A partir dos resultados do sorteio para o alistamento militar de 1970 do United States Selective Service, determinou-se que o sorteio dos dias de nascimento a partir de um único tambor não proporcionava uma mistura suficiente para garantir a aleatoriedade. Era mais provável que algumas datas de aniversário fossem sorteadas primeiro e portanto obtivessem um número mais baixo (sendo os homens com essa data de aniversário provavelmente recrutados), e que outras datas de aniversário fossem sorteadas por último e recebessem um número de alistamento mais alto (o que provavelmente evitaria o alistamento).

Isso aconteceu porque, antes do sorteio, as datas de nascimento haviam sido postas no tambor um mês de cada vez, começando por janeiro e terminando em dezembro. A mistura insuficiente dos bilhetes fez com que houvesse maior probabilidade de tirar as datas de nascimento próximas do fim do ano, que portanto receberiam um número de alistamento menor. Quando foi descoberta essa tendência causada pelo misturar, desenvolveu-se um novo plano baseado em sorteios de dois tambores, um contendo 365 datas de aniversário e o outro contendo 365 números de alistamento. Um bilhete retirado de cada tambor determinava a designação de um número de alistamento a uma data de nascimento[11].

---

11. Para uma descrição completa, ver Fienberg, 1971. Havia 365, não 366, datas de nascimento em 1951, o ano de nascimento dos homens no segundo sorteio.

No ano de 73 d.C., os judeus defensores de Masada, em vez de morrerem nas mãos dos inimigos assim que sua situação na batalha se revelou desesperadora, fizeram um sorteio para indicar quem seria responsável por executar o suicídio coletivo. Foram encontrados fragmentos gravados com nomes de homens, que se acredita terem sido utilizados no sorteio. Dez homens foram escolhidos por sorteio para se tornarem os carrascos. Terminada a execução, um foi escolhido por sorteio para matar os outros nove carrascos e depois suicidar-se[12]. Será que se usou um sorteio semelhante em março de 1997 no suicídio coletivo da seita Heaven's Gate no sul da Califórnia? É bem provável que nunca venhamos a saber.

O Antigo Testamento indica duas razões pelas quais os mecanismos aleatórios, tais como o sorteio, podem ter sido usados para decisões de vida ou morte. De acordo com Provérbios 16,33: "A sorte é lançada ao colo; mas toda a decisão a partir daí cabe ao Senhor", isto é, a vontade divina irá orientar o sorteio. Essa idéia raramente era questionada. Uma outra razão, mais prática, para as decisões serem tomadas por sorteio é a apresentada pelo rei Salomão em Provérbios 18,18: "O sorteio provoca o cessar da disputa e decide entre os poderosos." Nos tempos bíblicos recorrer à sorte era uma forma consensual de tomar muitas decisões, porque en-

---

12. Lichtenstein e Rabinowitz, 1972.

cerrava a disputa entre adversários quase sempre poderosos. Rabinos briguentos, por exemplo, costumavam recorrer ao sorteio para a distribuição das tarefas diárias no templo[13].

Na Mesopotâmia, os sorteios eram utilizados para selecionar, na crença de que a divindade diretamente afetada de fato manipulasse o sorteio. Na antiga Assíria, o epônimo do ano era determinado por sorteio. O rei dava seu próprio nome ao primeiro ano de seu reinado, e cada ano subseqüente recebia o nome de uma autoridade do reino escolhida por sorteio. Foi encontrada uma dessas peças de sorteio, um dado de barro, datada do ano de 833 a.C.; e nela podemos ver um entusiástico apelo direto aos deuses para influenciar o resultado da seleção. No dado está inscrito: "Ó grande senhor, Assur! Ó grande senhor, Adad! Esta é a peça de Jahali, o intendente-chefe de Shalmaneser, rei da Assíria, [governador da] cidade de Kipsuni, dos campos..., diretor do porto; tornai a safra da Assíria generosa e que ela seja abundante no epônimo [estabelecido] pelo sorteio desta peça! Fazei com que esta peça seja sorteada!"[14]

Os participantes dos primeiros sorteios europeus, tais como os povos da antiga Mesopotâmia, freqüentemente invocavam a ajuda de Deus e de seus santos. Uma febre de sorteios parece ter dominado a população no princípio do século XVI; e os sorteios continua-

▼
13. Hasofer, 1967.
14. Oppenheim, 1970.

ram a prosperar durante os séculos XVII e XVIII. Era típico naquela época que uma criança (talvez vendada) retirasse uma tira de papel numerada de uma urna ou de uma roda da fortuna, ou talvez uma bolinha de uma esfera rotativa. Esses sorteios eram considerados, tanto pelos ricos quanto pelos pobres, como uma força que promovia a eqüidade, já que o prêmio em dinheiro se tornava igualmente acessível a todos os jogadores[15].

A sorte e o Livro das mutações

O *I Ching*, ou *Livro das mutações*, amplamente consultado pelos chineses até hoje, começou como um oráculo que envolvia instrumentos do acaso. De acordo com a tradição chinesa, o *I Ching* era um dos cinco livros escritos ou compilados por Confúcio no século V ou VI a.C.[16]. Ele é composto de 64 hexagramas (figuras com seis linhas) e as interpretações a eles associadas. Por meio da utilização de alguns dispositivos de sorteio, chega-se a dois desses hexagramas para prever o destino de uma pessoa. São necessários dois hexagramas porque o livro das "mutações" se refere a uma transformação na passagem de um hexagrama para o outro.

Cada hexagrama é composto de 6 linhas, nas quais um de dois símbolos pode ocorrer (ver Figura 6).

▼
15. Ver, por exemplo, Ashton, 1893; Ewin, 1972; Sullivan, 1972; Daston, 1988.
16. A redação do texto básico do *I Ching*, que não foi concluída depois do século VII a.C. (alguns atribuem seu início a 3000 a.C., outros a 1140 a.C.), foi provavelmente precedida de um sistema de adivinhação a partir do qual o livro tomou forma na tradição oral do folclore rural, de acordo com Shchutskii, 1979, e Cleary, 1986.

yin   yang

hexagrama do *I Ching*

2 possibilidades de ocorrência da primeira linha

2 × 2 possibilidades de ocorrência das duas primeiras linhas

2 × 2 × 2 possibilidades de ocorrência das três primeiras linhas

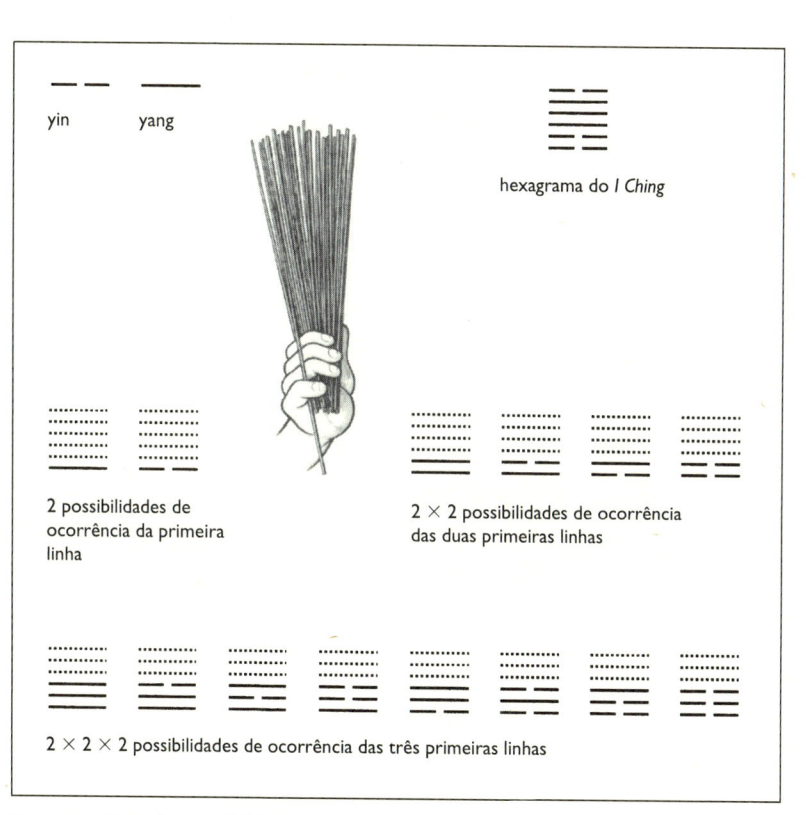

Figura 6 Consulta ao *I Ching*.

A princípio, esses dois símbolos eram conhecidos como a luz e a escuridão, mas depois passaram a ser conhecidos como *yin* e *yang*[17]. Como cada uma das seis linhas tem uma possibilidade em duas de ocorrer (*yin* ou *yang*), são possíveis um total de 64 hexagramas: 2 na primeira linha, 2 × 2 nas duas primeiras linhas, 2 × 2 × 2 nas três primeiras e assim por diante até chegar a 2 × 2 × 2 × 2 × 2 × 2 = 64.

Os especialistas em *I Ching* acreditam que o hexagrama evoluiu a partir da junção de dois trigramas. Há grande probabilidade de ter esse sistema sido uma evolução de oráculos primitivos do tipo sim ou não, que com o tempo se tornou mais sofisticado pela combinação de primeiramente três e depois de seis possibilidades. É possível, portanto, chegar a um dado hexagrama usando-se um tipo de mecanismo aleatório, com duas possibilidades de resultado, seis vezes. Jogando-se uma moeda, por exemplo, cara para *yin* e coroa para *yang*, pode-se determinar uma linha do hexagrama. Cinco outras jogadas resultariam em um hexagrama completo. Na prática, as técnicas utilizadas eram muito mais complicadas[18].

Os métodos para consultar o oráculo envolvem ou 50 hastes de milefólio (mil-folhas) ou três moedas. No

▼
17. Fisher-Schreiber *et al.*, 1989.
18. Wilhelm, 1950, é da opinião de que existiu um *Livro das transformações* baseado em trigramas durante a dinastia Hsia (2205-1766 a.C.), e Confúcio mencionou que outro teria existido durante a dinastia Shang (1766-1150 a.C.). Com efeito, os budistas tibetanos usam trigramas, não hexagramas, para a adivinhação, de acordo com Hastings, 1912, e Waddell, 1939. Ver também Shchutskii, 1979, e Fisher-Schreiber *et al.*, 1989.

método das hastes de milefólio, uma das 50 hastes é posta de lado e nunca utilizada. As outras 49 hastes são primeiro divididas aleatoriamente em dois feixes. O feixe da esquerda é contado em grupos de quatro e o resto é anotado. Depois de retirada uma haste do feixe da direita, o mesmo procedimento é adotado. Os dois restos são somados, e essa soma recebe um valor numérico. Todo esse processo é repetido uma segunda e, depois, uma terceira vez com as hastes que não fazem parte do resto. Os três valores numéricos são somados, e a soma final resulta no *yin* ou *yang* que é uma das linhas do hexagrama. O procedimento é repetido seis vezes para se chegar a um hexagrama completo de seis linhas. Embora esse método de somar os restos seja extremamente complicado, as probabilidades de ocorrência de *yin* ou *yang* são iguais[19].

O método chinês de tirar a sorte para consultar um oráculo usando moedas é muito mais simples que o das hastes de milefólio, apesar de não ser tão simples quanto o par ou ímpar ou cara e coroa. São jogadas ao mesmo tempo três moedas antigas de bronze chinesas com um furo no meio e uma inscrição em um dos lados. Caso o lado com a inscrição esteja voltado para cima, atribui-se um determinado valor numérico à

---

19. Para uma descrição completa dos métodos de tirar a sorte para consultar um oráculo, a tradução de Wilhelm de 1950 (ou uma tradução inglesa do original de Wilhelm em alemão) é uma das melhores, de acordo com Shchutskii, 1979, e Fisher-Schreiber *et al.*, 1989. A versão de Wilhelm é uma apresentação clara dos dois métodos de tirar a sorte para consultar um oráculo.

moeda, e os valores das três moedas são então somados. A soma resulta em uma linha do hexagrama, e o procedimento é repetido seis vezes[20]. Podemos nos assombrar com a elaborada complexidade dos procedimentos adotados para se chegar a um simples *yin* ou *yang*. Talvez o processo fosse tão longo para impressionar os participantes por sua legitimidade e seriedade.

Acreditava-se que o oráculo ou sorte à qual se chegava por meio do *I Ching* se baseava numa parceria entre o homem e deus. Uma referência à adivinhação por meio do milefólio, escrita pelo poeta chinês Su Hsun no século XI d.C., revela essa crença:

> E ele pegou o milefólio. Mas, para conseguir um feixe par ou ímpar de hastes de milefólio, a própria pessoa tem de dividir o feixe de hastes em dois... Então contamos as hastes por grupos de quatro e compreendemos que contamos por grupos de quatro; o resto, pegamos entre nossos dedos e sabemos que o que restou é um ou dois ou três ou quatro e que nós os selecionamos. Isso vem do homem. Mas ao dividir as hastes em duas partes, não sabemos [de início] quantas hastes existem em cada um dos maços. Isso vem dos céus.[21]

Pela sua manipulação das hastes, o homem torna-se inconscientemente um participante ativo do oráculo. Essa filosofia, pelo menos no século XI d.C., quando o confucionismo experimentava um renascimento

---
20. Wilhelm, 1950.
21. Shchutskii, 1979 (pp. 57, 232-3).

entre os intelectuais chineses, sugere que o homem moldava a adivinhação pela sua participação, ao passo que o componente aleatório ("não sabemos quantas hastes existem em cada um dos maços") é determinado pelo divino.

Uma passagem interessante em outro tratado confucionista, o *Shu Ching* (*Livro da história* ou *Livro dos documentos*, do século VI a.C.), sugere que talvez se deva usar o próprio discernimento para decidir se um oráculo deve ser seguido ou não – uma característica que não vimos em nenhum outro lugar. O texto explica como se pode procurar orientação por meio da adivinhação utilizando as hastes de milefólio, ou mesmo um método mais antigo que recorria a carapaças de tartaruga: "Existem ao todo sete tipos de adivinhação, cinco dos quais são com carapaças de tartaruga e dois com hastes de milefólio. Isso é para permitir dúvidas. E designar essas pessoas e deixá-las prever (com a tartaruga) e adivinhar (com o milefólio). Se as três fizerem profecias, siga a resposta de pelo menos duas que estejam em harmonia."[22]

Essas instruções são interessantes porque admitem a possibilidade do erro, ou acaso, ou, ao menos, a probabilidade de que respostas diferentes podem ocorrer. Elas com certeza incentivam a procura de uma segunda (e terceira) opinião. Os métodos não têm nada da divina infa-

▼
22. *Ibid.*

libilidade do sorteio de uma só peça que aparece em muitas outras culturas. Com efeito, recomenda-se àquele que consulta que não confie em um único adivinho ou método de adivinhação, e sim que siga a decisão da maioria. Mesmo depois que os adivinhos chegam às suas previsões, o tratado continua a levar em conta a dúvida e a estimular o discernimento: "Mas se você tiver uma dúvida importante, reflita, voltando-se para seu próprio coração; reflita, voltando-se para seus companheiros; reflita, voltando-se para as pessoas comuns; reflita, voltando-se para as pessoas que prevêem e adivinham."

Essa característica de uma obrigação moral de deliberar sobre os resultados do oráculo, em vez de aceitá-lo como verdade absoluta, diferencia o *I Ching* de outras formas de adivinhação. É precisamente essa característica de obrigação moral que aos poucos transformou o documento de texto de adivinhação em texto filosófico. Na introdução da sua tradução do *I Ching*, Richard Wilhelm diz que, embora o *I Ching* tenha sido originalmente o tipo de oráculo que fazia previsões do destino das pessoas, a primeira vez em que um homem se recusou a deixar sem questionamento o problema do seu destino e perguntou: "O que eu posso fazer para mudá-lo?", o livro passou a ser um livro de sabedoria[23].

Recorrer ao acaso para chegar a uma passagem específica do *I Ching* é uma forma de rapsodomancia: a

▼
23. Wilhelm, 1950.

procura de orientação por meio da seleção aleatória de um trecho de uma obra literária. Outra forma antiga de rapsodomancia é representada pelos livros sibilinos. Eles foram organizados em sua forma atual no século VI d.C., embora os primeiros livros tenham sido escritos provavelmente em torno do século VI a.C., quando os oráculos gregos estavam no auge da popularidade. De acordo com a lenda, havia muitas sibilas, a mais antiga das quais era originária da Pérsia; outra era judia, supostamente filha de Noé, da Babilônia ou do Egito. Os livros sibilinos eram versos oraculares, presumivelmente pronunciados pelas sibilas em transe profético[24].

Os livros inspiravam grande reverência e foram guardados no templo de Júpiter em Roma até o incêndio de 83 a.C. Em 76 a.C. foi compilada uma nova coleção de versos oraculares, mas essa também se perdeu queimada mais tarde em 405 d.C. Essa segunda coleção era certamente composta em hexâmetros gregos, e Cícero, que escreveu por volta de 44 a.C., afirmou que muitos dos versos tinham a forma de acrósticos. Outros antigos sugeriram que os versos originais teriam sido escritos em hieróglifos e também mencionavam os acrósticos[25].

Do que eram feitos os livros e como eram usados pode permanecer um mistério para sempre. Talvez fos-

---

24. Cícero, *De div.* 2.110.
25. Para uma análise, ver Parke, 1988. Virgílio descreve os oráculos das sibilas como "as místicas runas que proferes" (*Eneida* 6.72). Cícero, ao descrever o oráculo em Praeneste (que não era uma das sibilas), menciona oráculos escritos em "caracteres antigos" (*De div.* 2.85).

50 sem desenrolados ao acaso, tomando-se uma passagem, ou, talvez, a passagem fosse sujeita à escolha dos intérpretes. Esses oráculos, como alguns outros, podem ter sido escritos em folhas soltas (ou lâminas finas de madeira) que podiam ser embaralhadas, e a passagem era tirada aleatoriamente. O fato de serem os oráculos vagos e obscuros, passíveis de serem aplicados a inúmeras situações, dá credibilidade a essa teoria.

Entretanto, nem todas as pessoas se sentiam à vontade com uma forma tão aleatória e casual de se obter um oráculo. Heleno de Virgílio alerta Enéas para a inconstância do método das sibilas:

> Encontrarás em êxtase uma vidente que em sua adivinhação
>   transmite o
> Destino, registrando em folhas as mensagens místicas.
> Quaisquer runas que a virgem tenha escrito sobre as folhas
> Ela as guarda em sua caverna na ordem correta.
> Lá permanecem intocadas, tal como ela as deixou:
> Mas suponhamos que a dobradiça gire e uma suave corrente
>   sopre pela porta,
> Misture as frágeis folhas e as embaralhe; nunca mais cuida ela de
> Pegá-las enquanto flutuam pela caverna para restaurar
> Sua ordem ou remontar as runas: por isso, os homens que vêm
> Consultar a sibila não partem mais sábios, com ódio do
>   lugar.[26]

Em todo o Oriente Médio, na Europa e na Ásia, as antigas civilizações voltaram-se para o acaso a fim de

▼
26. *Eneida* 3.441-452.

desvendar a vontade dos deuses, e tomaram precauções elaboradas para garantir que os participantes humanos não interferissem no resultado. Mas não era porque o destino de alguém estava na mão dos deuses que isso significava que haveria imparcialidade e justiça. Esse lado cínico da psique humana era representado pela deusa romana do destino, Fortuna. Personificação da inconstância, ela não demonstrava sinais de imparcialidade, nem de recompensar a virtude ou punir as práticas imorais. A popularidade de Fortuna aumentou na Europa durante a Idade Média e o Renascimento, quando ela aparece nas obras de Boécio, Dante, Boccaccio, Chaucer e Maquiavel, entre outros[27].

As referências artísticas e literárias a Fortuna às vezes a retratam cega ou vendada, mostrando um total desprezo pelos virtuosos, pelos ricos ou pelos poderosos. O poeta inglês William Blake, em uma nota às suas ilustrações para Dante, escreveu: "A deusa Fortuna é uma serva do diabo, pronta para beijar o rabo de qualquer um." Ela é descrita tanto como imparcial quanto como injusta – às vezes representada com muitas mãos, tirando com a mesma facilidade com que dá. Ou às vezes suas mãos direita e esquerda representam a boa e a má sorte, respectivamente. Ela, às vezes, tem asas, pois a sorte é efêmera. Já foi mostrada em pé numa

---

27. A manifestação grega era Tyche e a deusa assíria e babilônia era Ishtar (Oppenheim, 1970; Langdon, 1930, 1931). Para um estudo rigoroso sobre Fortuna, ver Patch, 1927.

bola ou globo, ou girando uma roda. Na tradição romana, Fortuna jogava dados com a vida dos homens, determinando o destino deles pelo resultado do jogo[28].

▼
28. Pease, 1920 (p. 373); Chaucer, 1949 (pp. 86, 93); William Blake, 1825-1827.

4
CÁLCULO DE PROBABILIDADES

A sorte favorece apenas a mente preparada.

LOUIS PASTEUR, 1854

Muitos adultos e crianças mais velhas conseguem captar o fato de ser tão provável sair cara quanto coroa sempre que se joga uma moeda. Eles entendem que a probabilidade de ganhar uma jogada é de 1 em 2, não importa como a chamem. Da mesma forma, sabem que a probabilidade de tirar um determinado número ao lançarem um dado é de 1 em 6, e que essa probabilidade não muda se o número for 1, 2, 3, 4, 5 ou 6.

Apesar disso, quando pedimos que calculem a probabilidade de obter uma determinada soma ao jogarem dois dados, muitos adultos não sabem o que dizer. E estimar a probabilidade de conseguir um *full house* no pôquer ou receber uma seqüência está fora do alcance da capacidade da maioria das pessoas. Não é tão fácil estimar a probabilidade de um determinado resultado quando todos os resultados possíveis não são eqüiprováveis.

O tipo mais simples de evento aleatório é aquele cujos resultados são eqüiprováveis – simplesmente não há nenhuma maneira de saber de antemão qual será o resultado. No passado remoto era sem dúvida difícil de captar o conceito de "eqüiprovável", em grande parte porque os dados e as moedas em geral não eram fabricados com perfeita simetria. Os antigos sabiam com certeza que os lados do astrágalo não eram eqüiprováveis, pois dois lados eram estreitos e lisos, e, dos dois lados largos, um era côncavo e o outro, convexo. Mas a capacidade de formular uma idéia sobre a probabilidade de cada lado seria impossível para os antigos.

Nos tempos modernos, demonstrou-se que as probabilidades são de aproximadamente 10% para cada um dos lados estreitos e planos do astrágalo e 40% para cada um dos dois lados mais largos. Mas, como adverte Florence Nightingale David, que conduziu as experiências que respaldam esses cálculos, as probabilidades "sem dúvida seriam afetadas pela espécie do animal cujo osso foi usado, pela quantidade de tendões que se deixou endurecer com o osso, [e] pelo desgaste do osso"[1].

No início do século XVI, Galileu já tinha uma idéia clara do que hoje chamaríamos de um dado ho-

---

1. David, 1962 (p. 22). As probabilidades também poderiam ser afetadas pela superfície sobre a qual os ossos fossem jogados.

nesto e compreendia o conceito de "eqüiprobabilidade". Em suas palavras, um dado honesto "tem seis faces e, quando jogado, pode cair igualmente sobre qualquer dessas faces"[2]. Para se ter uma visão da diferença entre probabilidades iguais e desiguais, consideremos em primeiro lugar uma experiência com probabilidades de resultado iguais – jogar um dado honesto de seis lados. Como o dado é construído simetricamente e balanceado para garantir a uniformidade, quando ele for jogado, cada um dos números tem a mesma probabilidade de aparecer na face voltada para cima. Em uma jogada do dado, o número de pontos que se consegue pode ser 1, 2, 3, 4, 5 ou 6. Em termos formais, diríamos que o *espaço amostral cujos elementos são eqüiprováveis* – a lista de todos os resultados possíveis – consiste nos números de 1 a 6.

Quem tentasse adivinhar qual número estaria na face que ficou voltada para cima depois de o dado ser jogado teria uma probabilidade em seis de acertar (ver Figura 7, gráfico superior). A probabilidade de acertar é expressa como $1/6$. Como a probabilidade de qualquer face cair voltada para cima é uniformemente a mesma para todos os números de 1 a 6, a distribuição de probabilidades para um dado honesto é chamada de uniforme. Também é chamada de espaço amostral cujos elementos são eqüiprováveis.

[2]. Galileu, 1623.

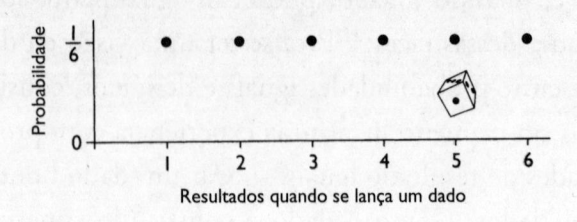

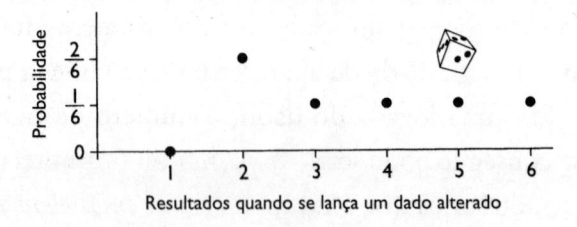

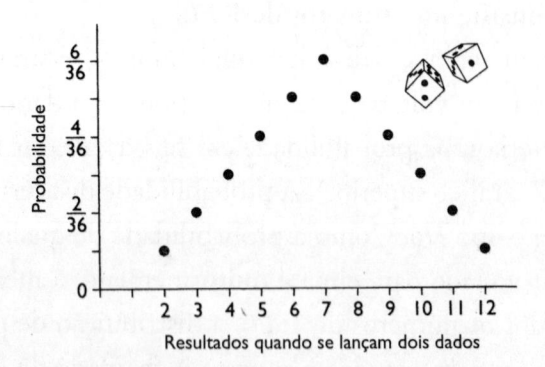

Figura 7 Probabilidades de resultados totais quando se joga um dado, um dado alterado e dois dados. Jogar um dado (gráfico superior) é um evento simples, e as probabilidades são uniformes. Jogar dois dados (gráfico inferior) é um evento composto e as probabilidades não são uniformes. Jogar um dado alterado (gráfico do meio) é um evento simples, mas as probabilidades não são uniformes.

Vamos agora, com tinta e pincel, alterar uma das faces do dado honesto para ilustrar uma experiência com resultados que não sejam eqüiprováveis. Suponha que a face com um ponto receba um ponto adicional, de forma que quando o dado for jogado o número de pontos que cair com a face voltada para cima possa ser qualquer número de 2 a 6. Embora o dado ainda seja um dado honesto, pois cada uma das seis faces tem a mesma probabilidade de cair voltada para cima, as possibilidades de se conseguir um determinado resultado não são eqüiprováveis e a distribuição de probabilidades não é uniforme. Enquanto a probabilidade de se obter um 3, 4, 5 ou 6 ainda é de $1/6$, a probabilidade de se conseguir um 2 é de $2/6$ ou de $1/3$, e a possibilidade de se conseguir 1 é 0 (ver Figura 7, gráfico do meio).

Ao tentar explicar as probabilidades não uniformes para seus leitores do século XVIII, Abraham De Moivre, autor do primeiro livro moderno sobre a probabilidade em 1756, apresentou um jogo no qual cada um dos cinco participantes tinha 1 chance em 5 de ganhar, ou seja, uma probabilidade de $1/5$[3]. A distribuição das probabilidades é uniforme. De Moivre recomenda então que imaginemos que, das cinco pessoas que começaram o jogo com iguais probabilidades de ganhar, duas precisem abandonar o jogo. Se essas duas pessoas transferirem suas chances para um dos jogadores rema-

▼
3. De Moivre, 1756 (p. 3).

nescentes, esse jogador terá agora 3 chances em 5 de ganhar a soma, ou uma probabilidade de ³/5.

Em experiências como essa, um *evento* é um ou mais resultados no espaço amostral. Um *evento simples* é exatamente um resultado no espaço amostral. Uma determinada face voltada para cima quando se joga um dado com seis resultados eqüiprováveis é um exemplo de um evento simples. Uma determinada face voltada para cima ao se jogar o dado com cinco resultados (não eqüiprováveis) também é um exemplo de evento simples. Uma determinada *soma* dos pontos das faces voltadas para cima de dois ou mais dados é, entretanto, um exemplo de *evento composto*, e calcular as probabilidades de tais eventos é muito mais difícil.

Um evento composto é um evento que envolve dois ou mais eventos simples. Compare o evento simples de anotar o número total de pontos na face voltada para cima quando se joga um dado com o evento composto de anotar o número total de pontos das faces voltadas para cima quando dois dados são jogados. Quando se joga um dado honesto de seis faces, o número de pontos resultante pode ir de 1 a 6, e cada lance tem probabilidades iguais de acontecer. Jogando-se dois dados honestos, o número de pontos resultante pode ir de 2 a 12, mas essas somas não são eqüiprováveis (ver Figura 7, gráfico inferior).

Para entender por que, vamos imaginar o uso de dados coloridos, um vermelho e um verde. Para cada uma das 6 possibilidades do dado vermelho, 6 são possíveis no dado verde, acarretando um total de 6 × 6 = 36 lances igualmente possíveis. Mas muitos desses lances chegam à mesma soma. Para tornar as coisas ainda mais complicadas, diferentes jogadas podem resultar nos mesmos dois números. Uma soma com resultado 3, por exemplo, pode ocorrer quando o dado vermelho der 1 e o verde 2, ou quando o dado vermelho der 2 e o verde der 1. Assim, a probabilidade de que a jogada resulte em 3 é de 2 em 36 resultados possíveis, ou $2/36$. Por outro lado, o resultado 7 pode ser obtido de seis formas diferentes – quando o vermelho der 1 e o verde 6; quando o vermelho der 6 e o verde 1; quando o vermelho der 2 e o verde 5; quando o vermelho der 5 e o verde 2; quando o vermelho der 3 e o verde 4; quando o vermelho der 4 e o verde 3 (ver Figura 8, tabela superior). Portanto, a probabilidade de se conseguir um 7 é de $6/36$.

O fato de que os valores das faces dos dois dados não são eqüiprováveis é obscurecido pela natureza composta do evento – um dado *e* outro dado. Essa idéia pode ser mais fácil de visualizar se a pessoa imaginar que está jogando o mesmo dado duas vezes (em vez de dois dados ao mesmo tempo) e que depois soma os resultados. As somas possíveis de duas jogadas com um dado são exatamente as mesmas de quando se jogam dois dados ao mesmo tempo (ver Figura 8, tabela inferior). Portanto, a distribuição de probabilidades para o total com dois dados jogados ao mesmo tempo é idên-

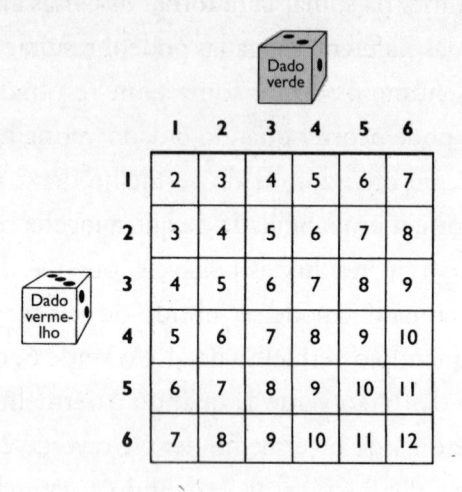

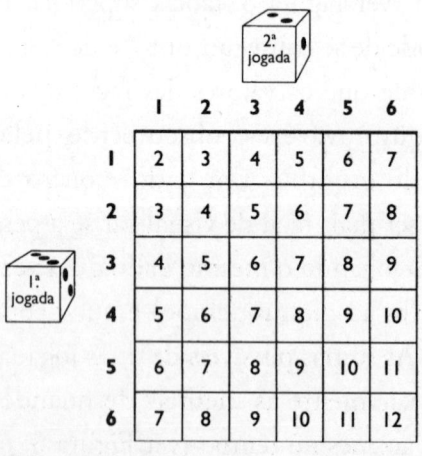

	1	2	3	4	5	6
1	2	3	4	5	6	7
2	3	4	5	6	7	8
3	4	5	6	7	8	9
4	5	6	7	8	9	10
5	6	7	8	9	10	11
6	7	8	9	10	11	12

Dado verde (colunas) / Dado vermelho (linhas)

	1	2	3	4	5	6
1	2	3	4	5	6	7
2	3	4	5	6	7	8
3	4	5	6	7	8	9
4	5	6	7	8	9	10
5	6	7	8	9	10	11
6	7	8	9	10	11	12

2ª jogada (colunas) / 1ª jogada (linhas)

Figura 8 Somas possíveis em uma jogada com dois dados (um verde e um vermelho – tabela superior), comparados com os possíveis resultados de duas jogadas com um único dado (tabela inferior).

tica àquela com um dado jogado duas vezes. Com freqüência, um evento composto pode ser modelado por uma seqüência de eventos simples. Um dado jogado N vezes pode revelar-se mais fácil de visualizar que N dados jogados ao mesmo tempo.

Lançando mão de outro exemplo, imagine que o quarto está escuro e você não consegue enxergar nada. Em uma de suas gavetas há duas meias soltas, idênticas, exceto pela cor: uma é vermelha e a outra, azul. Quando você abre a gaveta e retira uma meia, é mais provável que pegue uma vermelha ou uma azul? Nesse exemplo simples, podemos concluir que a probabilidade de você pegar a meia vermelha ou a azul é igual. Escolher a meia vermelha ou escolher a meia azul são resultados eqüiprováveis.

Agora vamos complicar as coisas, colocando três meias na gaveta – duas azuis e uma vermelha, idênticas exceto pela cor. Quando retiramos duas meias, é maior a probabilidade de pegar duas azuis (um par certo) ou uma azul e uma vermelha (um par errado)? Ou será que os resultados são eqüiprováveis? Na verdade, a probabilidade de apanhar uma meia de cada cor são duas vezes maiores que a de apanhar duas azuis. Mas esse fato não é de modo algum óbvio. Você pode tirar meias de cores diferentes de duas maneiras – a vermelha pode formar um par com qualquer uma das azuis. Mas só há uma forma de conseguir as duas da mesma cor – as meias azuis só podem formar um par uma com a outra.

Imagine todo o processo em câmara lenta. Ao colocar a mão dentro da gaveta para escolher as duas meias, uma das três é tocada primeiro (selecionada) e em seguida a outra (ver Figura 9). Suponha que uma das azuis seja selecionada em primeiro lugar – isso é duas vezes mais provável de acontecer do que selecionar uma vermelha primeiro. Uma vez selecionada a azul, teremos uma chance igual de pegar uma meia da mesma cor ou não, porque sobraram uma azul e uma vermelha. Suponha agora que a vermelha seja selecionada em primeiro lugar. Nesse ponto, você já garantiu que não obterá um par da mesma cor porque só restaram meias azuis para formarem um par com a vermelha.

O problema da combinação das meias é um exemplo da importância da *seqüência* em seleções aleatórias. Mesmo que a questão inicial tenha sido colocada como um problema que envolvia a remoção de duas meias ao mesmo tempo, o evento é mais fácil de analisar com a retirada das duas meias em seqüência, primeiro uma e depois a outra. Na evolução da teoria da probabilidade, a incapacidade de reconhecer a natureza seqüencial de resultados aleatórios sempre foi um obstáculo importante que continua a atormentar os estudantes até hoje.

Conjunto versus *seqüência*

O objetivo de muitos jogos com dois dados é obter uma certa soma com o lançamento de dois dados. Mas em muitos dos primeiros jogos de dados europeus eram

2 chances em 3

Azul selecionada primeiro.
Restaram uma vermelha e uma azul.

**Probabilidade de formar
um par certo 50%
Probabilidade de formar
um par errado 50%**

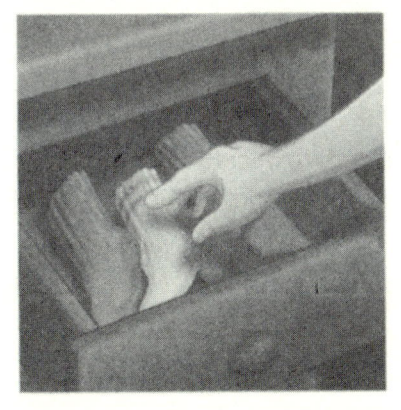

1 chance em 3

Vermelha selecionada primeiro.
Restaram duas azuis.

**Probabilidade de formar
um par certo 0%
Probabilidade de formar
um par errado 100%**

Figura 9 Se duas meias azuis e uma vermelha estão em uma gaveta e duas são retiradas, o que é mais provável, que se retirem duas da mesma cor ou uma de cada cor?

usados três dados[4]. Quando são jogados três dados, e o número de pontos dos dados é somado, pode ocorrer qualquer resultado de 3 a 18. Esses resultados podem, entretanto, revelar 216 (6 × 6 × 6) formas diferentes. Em outras palavras, o espaço amostral cujos elementos são eqüiprováveis consiste em 216 resultados.

Aparentemente, ao longo de séculos, os estudiosos acreditavam que existiam somente 56 e não 216 resultados possíveis com três dados. O que eles deixaram de identificar foi a diferença entre um grupo ou *conjunto* e uma *seqüência*. Em decorrência desse equívoco, eles contavam conjuntos quando deveriam estar contando seqüências.

O conjunto {1,2,3} é idêntico ao conjunto {3,2,1}; a ordem dos elementos não tem importância. Por outro lado, são os elementos *associados* à ordem que determinam a seqüência (1,2,3). De fato, essa seqüência não é a mesma que a seqüência (3,2,1), ou qualquer outra ordem diferente dos números 1, 2 e 3. Ao jogar três dados ao mesmo tempo, tudo o que uma pessoa observa é o *conjunto* final dos números – a seqüência específica que produziu esse conjunto está oculta. Se somente o resultado final interessa, parece não ter importância como esse resultado aconteceu. *Ao se computarem as probabilidades, entretanto, é essencial conhecer o número de modos eqüiprováveis graças aos quais um resultado pode ocorrer.*

▼
4. Kendall, 1956; David, 1962.

CÁLCULO DE PROBABILIDADES

Suponha que, após jogarmos três dados, observamos o resultado de 1, 1, 2 – em outras palavras, o resultado do conjunto {1,1,2}. Existem, de fato, 3 maneiras de esse resultado ocorrer – jogando-se uma seqüência (1,1,2), uma seqüência (1,2,1) ou uma seqüência (2,1,1). Já a jogada que resulta em 1, 2, 3, ou seja, o resultado de conjunto {1,2,3}, pode ocorrer com qualquer uma de 6 seqüências de igual probabilidade: (1,2,3), (1,3,2), (2,1,3), (2,3,1), (3,1,2) ou (3,2,1). A probabilidade de obter um resultado final de dois 1 e um 2 é de 3 para 216 ou $3/216$. A probabilidade de obter um resultado final de um 1, um 2 e um 3 é de 6 para 216, ou $6/216$. Se os três dados são jogados ao mesmo tempo, a idéia de que o resultado final pode ter ocorrido de diversas maneiras permanece obscura. Ou seja, a *natureza seqüencial* desse evento aleatório é difícil de perceber, mas percebê-la é fundamental para calcular estatísticas com precisão.

Os jogos que empregavam três dados eram populares desde os tempos do Império Romano, apesar de haver poucos indícios de que existisse um rigoroso entendimento da importância da seqüência. A primeira enumeração correta que se conhece das jogadas eqüiprováveis com três dados é atribuída a Richard de Fournival em seu poema *De vetula*, escrito presumivelmente entre 1220 e 1250[5]. De Fournival descreveu os 216

▼
5. Kendall, 1956.

modos como três dados podem cair – incluindo assim todas as diferentes seqüências ou permutações. Além disso, de Fournival resumiu em uma tabela o número de *conjuntos* de três dados que podem totalizar de 3 a 18, e o número correspondente de *seqüências* de três dados que podem produzir esses resultados (ver Figura 10). As somas possíveis estão na coluna mais à esquerda.

A primeira linha, por exemplo, mostra informações a respeito das somas de 3 e 18, enquanto a segunda linha exibe informações a respeito das somas de 4 e 17. A coluna de números, no centro, relaciona o número de resultados aparentes (conjuntos) que podem resultar nessas somas; e a coluna de números final fornece o número de seqüências que pode produzir essas somas.

Uma soma que resulta em 3 ou uma soma que resulta em 18 pode ocorrer somente de uma forma –

3	18	Punctatura	1	Cadentia	1
4	17	Punctatura	1	Cadentiæ	3
5	16	Punctaturæ	2	Cadentiæ	6
6	15	Punctaturæ	3	Cadentiæ	10
7	14	Punctaturæ	4	Cadentiæ	15
8	13	Punctaturæ	5	Cadentiæ	21
9	12	Punctaturæ	6	Cadentiæ	25
10	11	Punctaturæ	6	Cadentiæ	27

Figura 10 Resumo das 216 seqüências possíveis para a manifestação dos totais quando se jogam três dados, feito por Richard de Fournival no século XIII.

(1,1,1) ou (6,6,6). Assim, a primeira linha da tabela de de Fournival indica que a soma de 3 ou 18 pode ser construída apenas a partir de um conjunto e de uma seqüência. Tanto a soma de 4 quanto a de 17 têm apenas um resultado aparente, mas esse resultado pode ser produzido por qualquer uma de três seqüências eqüiprováveis. A soma de 4, por exemplo, ocorre quando o resultado parece ser 2/1/1, que poderia ter sido atingido a partir de uma seqüência (2,1,1), de uma seqüência (1,2,1) ou de uma seqüência (1,1,2). A soma de 17 ocorre quando o resultado se apresenta como 5/6/6, que poderia ter sido obtido com uma seqüência (5,6,6), uma seqüência (6,5,6) ou uma seqüência (6,6,5). Na segunda linha da tabela de de Fournival, vemos que as somas de 4 ou de 17 podem ser obtidas a partir de um conjunto produzido por qualquer uma de três seqüências possíveis. Uma soma de 5, ou uma soma de 16, é produzida por um de dois resultados aparentes, e cada um dos dois resultados aparentes pode ser gerado jogando-se qualquer uma de três seqüências eqüiprováveis (num total de seis seqüências) e assim por diante.

Se criarmos uma linha de totais para a tabela, somando o número de resultados de conjuntos na coluna do meio, obteremos 28. Como cada linha da tabela se refere a duas somas diferentes que podem ser analisadas da mesma forma, o número total de resultados de conjuntos é 28 × 2, ou 56. Se somarmos o número de seqüências eqüiprováveis na coluna da direita, obteremos 108. Como existem duas somas por linha, descobrimos que o número total de seqüências é de 108 × 2 ou 216.

A evolução, quando se deixou de considerar os 56 resultados aparentes na jogada de três dados, passando-se a levar em conta as 216 jogadas distintas, foi importante para o desenvolvimento de uma compreensão matemática da probabilidade. Ainda assim, o conceito não foi amplamente compreendido, e a teoria da probabilidade somente surgiria algum tempo depois. A contagem de de Fournival não foi aceita ou passou despercebida na época.

Embora a adivinhação por meio de dados fosse rara no cristianismo, Wibold, bispo de Cambray, em torno de 960 d.C., descreveu 56 virtudes, que na opinião de alguns estudiosos corresponderiam aos 56 resultados aparentes provenientes do lançamento de 3 dados[6]. Talvez o lançamento de três dados determinasse uma virtude específica que um monge deveria cultivar por algum tempo.

Chaunce of the Dyse, uma conhecida enumeração dos resultados do lançamento de três dados, escrita no princípio do século XV, é um poema medieval em 56 versos. Cada verso equivale a um destino correspondente aos 56 conjuntos (não às 216 seqüências) de re-

▼
6. Segundo Kendall, 1956, esse trabalho foi relatado por Balderico no século XI, não publicado até 1615.

sultados possíveis do lançamento de três dados. Acredita-se que poemas como esse eram usados para a adivinhação informal, na qual o lançamento de três dados determinava qual sorte específica correspondia ao consulente. Novamente, para esse uso apenas importava o *resultado* – o conjunto final de números da face voltada para cima dos três dados.

Segue-se um exemplo de um verso para uma jogada de três dados resultando em 6, 5 e 3.

> Mercury that disposed eloquence
> Unto your birth so highly was incline
> That he gave you great part of science
> Passing all folkës heartës to undermine
> And other matters as well define
> Thus you govern your wordës in best wise
> That heart may think or any tongue suffise.*[7]

Esses versos lembram os horóscopos da atualidade que aparecem nos jornais diários. Você nasceu com o dom da retórica. Você tem o conhecimento e a capacidade de falar e se expressar. Você, acima de todos os outros, é hábil na arte da oratória, da argumentação e do raciocínio persuasivo. Você debate com eloqüência e tem o dom da persuasão.

▼
* Mercúrio, que concede a eloqüência/Em teu nascimento brilhava tão alto/Que te deu grande ligação com a ciência/De, mais do que todas as pessoas, comover o coração/Além de outras questões também definir/Assim tu dominas tuas palavras da melhor forma/Para que o coração pense ou a língua baste. (N. da T.)
7. Kendall, 1956.

A primeira prova do estudo matemático da probabilidade, *Liber de ludo aleae* (*O livro dos jogos de azar*), foi escrita por Girolamo Cardano por volta de 1564, mas só foi publicada quase um século depois. Freqüentemente descrito como excêntrico, Cardano era físico, instrutor de matemática, ocultista, jogador supersticioso, além de autor prolífico, tendo escrito mais de duzentos livros e manuscritos[8]. Em seu livro sobre jogos de azar, Cardano conta corretamente as 36 possíveis seqüências de dois dados e as 216 possíveis seqüências de três dados. Isso permite que ele compute as probabilidades com precisão e muito mais.

Girolamo Cardano não foi o único renascentista italiano a demonstrar um conhecimento preciso das seqüências aleatórias. Num pequeno ensaio intitulado *Reflexões a respeito de jogos de dados*, escrito entre 1613 e 1623, Galileu explicou por que existem 216 resultados eqüiprováveis do lançamento de três dados. Ele começa seu ensaio dizendo que lhe haviam pedido que explicasse por que certas somas com três dados pareciam ocorrer com um número igual de probabilidades, embora os jogadores de dados soubessem que elas não eram eqüiprováveis. Ele notou, especialmente, que embora as somas 9 e 10 pudessem ocorrer com uma "mesma diversidade de números", era do conhecimento dos jogadores que a soma 10 predominava[9].

▼
8. Cardano, 1564; Ore, 1953; David, 1962.
9. Galileu, 1623.

É claro que ele estava se referindo ao fato de que as somas 9 e 10 aparecem num número igual de resultados de conjuntos, embora as duas somas não sejam eqüiprováveis. Galileu explicou por que a intuição dos jogadores era com efeito corroborada pela matemática – demonstrando que os seis resultados de conjunto que somam 9 podem ocorrer em 25 seqüências diferentes, ao passo que os seis resultados de conjuntos que somam 10 podem ocorrer em 27 seqüências diferentes. É difícil acreditar que qualquer jogador em particular, por mais hábil que fosse sua habilidade, conseguisse distinguir a pequena diferença entre 25 probabilidades em 216 e 27 probabilidades em 216. Uma explicação muito mais plausível é que esse conhecimento fizesse parte do saber dos jogadores, acumulado com a experiência e transmitido através dos séculos.

Sem uma grande experiência ou uma intuição extremamente aguçada, é muito difícil identificar os resultados eqüiprováveis de um evento composto, como o lançamento de dois e, principalmente, de três dados de seis faces. Para computar as probabilidades corretamente, a pessoa precisa ser capaz de avaliar ou contar todas as probabilidades eqüiprováveis favoráveis e desfavoráveis. Mas muitas situações são complexas demais para que se possam visualizar essas probabilidades.

Tente imaginar todas as possíveis mãos de pôquer de cinco cartas. Chegam a 2.598.960! E existem mais de 600.000.000.000 mãos de *bridge* de 13 cartas! Embora a visualização dos resultados tanto como compostos quanto como seqüenciais possa nos ajudar a entender as probabilidades em algumas situações, em outras, a tarefa é com certeza assustadora.

5

Exercícios mentais para jogadores

Estes são os frutos que vêm dos malditos dados.

GEOFFREY CHAUCER, *O conto do vendedor de indulgências*

Suponha que Moe proponha um jogo a Larry e Curly no qual duas moedas são jogadas simultaneamente. Duas caras significam a vitória de Curly; com duas coroas Larry vence; e, se sair uma de cada, Moe ganha. Essas regras podem parecer justas para Curly e Larry; mas, se eles jogassem as moedas *seqüencialmente* e observassem o resultado de cada jogada, Curly e Larry começariam a entender que os três jogadores não têm chances iguais. Após cada primeira jogada, tanto Curly quanto Larry, um é sempre eliminado, ao passo que Moe sempre continua no jogo.

Para entender por que esse jogo não é justo, vamos jogar as moedas em seqüência e então fazer algumas perguntas ligeiramente diferentes entre si: ➤ Qual resultado é mais provável: duas caras, duas coroas ou uma de cada? ➤ Qual é mais provável: uma de cada (faces diferentes voltadas para cima) ou duas faces iguais voltadas para cima? ➤ O que é o mais provável: uma cara seguida de outra cara, ou uma cara seguida de uma coroa?

Se lhes fosse feita a primeira pergunta, algumas pessoas poderiam pensar (erradamente) que os três resultados são eqüiprováveis, cada um com a probabilidade de $1/3$. O famoso matemático do século XVIII Jean Le Rond d'Alembert, que foi na época um dos mais influentes cientistas franceses, sustentou que a probabilidade de conseguir uma cara em duas jogadas era $2/3$[1]. D'Alembert pensava que os resultados eqüiprováveis eram uma cara na primeira jogada, uma coroa seguida de uma cara ou uma coroa seguida de uma coroa. Como dois dos três resultados contêm uma cara, ele sugeriu a probabilidade incorreta de uma cara em duas jogadas como $2/3$.

Muitas pessoas, mesmo por meio de um raciocínio errado, chegariam à resposta certa: uma de cada. Na opinião delas, um resultado com faces diferentes das moedas voltadas para cima reflete com mais precisão o comportamento das moedas a longo prazo[2]. O erro nesse raciocínio é facilmente detectável quando elas

▼

1. Todhunter, 1865; Kapadia e Borovcnik, 1991.
2. Os psicólogos Tversky e Kahneman (1971) rotulam esse equívoco de "crença na lei dos números pequenos" e afirmam que essa crença causa "confiança exagerada na estabilidade de resultados observados em pequenas amostragens".

precisam responder à segunda pergunta: O que é mais provável, faces iguais das moedas voltadas para cima ou faces diferentes? Acreditando que as caras e as coroas têm de ocorrer com a mesma freqüência a curto prazo, muitas pessoas respondem que, quando se jogam duas moedas, é mais provável conseguir uma de cada (faces diferentes) do que duas do mesmo tipo (faces iguais). Entretanto, esse não é o caso.

O mesmo equívoco costuma ocorrer nas respostas à terceira pergunta. Jogando-se duas moedas seqüencialmente, é mais provável obter uma cara seguida de uma cara, ou uma cara seguida de uma coroa? Mais uma vez, os indivíduos que pensam que uma cara seguida de uma coroa é mais provável acreditam que os resultados têm maior probabilidade de variar de jogada para jogada. Mas não é assim; a resposta correta é que as três situações são eqüiprováveis. Todas as três perguntas podem ser respondidas com razoável facilidade se reconhecermos as quatro seqüências aleatórias eqüiprováveis: cara-cara, cara-coroa, coroa-cara, coroa-coroa. Sem uma lista dos resultados eqüiprováveis, é difícil responder qualquer pergunta sobre probabilidade.

Retornando à primeira pergunta – O que é mais provável: duas caras, duas coroas ou uma de cada? –, uma de cada é mais provável. Apesar de ser verdade que esses três resultados (duas caras, duas coroas e uma de cada) são os únicos que reconhecemos visualmente, eles não são eqüiprováveis. Cara-coroa e coroa-cara são duas possibilidades de se conseguir "uma de cada" nos quatro resultados igualmente prováveis: cara-cara, cara-coroa, coroa-cara e coroa-coroa. Existem duas chances em quatro de se conseguir uma de cada, ou seja, uma probabilidade de $2/4$, ou $1/2$, ao passo que duas caras (cara-cara) e duas coroas (coroa-coroa) têm somente uma probabilidade em quatro de ocorrer.

Na segunda pergunta – É mais provável conseguir uma de cada (faces diferentes voltadas para cima) ou duas faces iguais voltadas para cima? – nenhuma das duas é mais provável, elas são eqüiprováveis. A probabilidade de obter uma de cada (cara-coroa ou coroa-cara) é de $2/4$, ou $1/2$. A probabilidade de obter duas faces do mesmo tipo (cara-cara ou coroa-coroa) também é de $2/4$ ou $1/2$.

Na terceira pergunta – É mais provável obter uma cara seguida de uma cara ou uma cara seguida de uma coroa? – elas são eqüiprováveis. Uma cara seguida de outra cara (cara-cara) ou uma cara seguida de uma coroa (cara-coroa) implica uma *seqüência*, e cada uma representa exatamente uma ocorrência das quatro seqüências eqüiprováveis. Portanto, cada uma tem uma chance em quatro (ou uma probabilidade de $1/4$) de ocorrer.

Um jogo justo (ao contrário do que foi proposto por Moe a Larry e Curly) é um no qual os jogadores tenham oportunidades iguais de ganhar a mesma quantia. Suponha, por exemplo, que dois jogadores apostem que vai dar cara em uma única jogada de uma moeda honesta. Se cada jogador aposta US$ 5 (em outras palavras, cada um paga US$ 5 para ter o privilégio de jogar) e o ganhador recebe US$ 10, então cada jogador tem uma oportunidade igual de ganhar US$ 5 (lembre-se de que cada um precisou desembolsar US$ 5 para jogar). Se eles jogarem diversas vezes, cada jogador esperaria perder US$ 5 em aproximadamente metade dos jogos e ganhar US$ 5 em aproximadamente metade dos jogos.

Se, entretanto, os jogadores tiverem probabilidades *desiguais* de ganhar, a aposta deverá ser corrigida para que o jogo continue justo. Atualmente, costumamos ver esse tipo de aposta em eventos esportivos. Se os apostadores concordam que as duas equipes têm igual capacidade (probabilidades iguais de ganhar o jogo), eles apostam a mesma quantia, ou apostam "por igual". Se os apostadores acham que uma das equipes está mais bem preparada, adaptam a aposta. Quem apostar na melhor equipe precisará investir mais dinheiro pelo privilégio de ter essa vantagem (uma maior probabilidade de ganhar a quantia apostada).

Suponhamos que duas jogadoras, Betty e Lulu, queiram participar de um jogo que dá a Betty uma probabilidade de ganhar de $7/10$ e a Lulu uma probabilidade de ganhar de $3/10$. É óbvio que, se elas apostarem quantias iguais, o jogo não será justo. Para o jogo ser justo, Betty precisa desembolsar mais dinheiro pelo privilégio de jogar porque ela tem maior probabilidade de ganhar.

Se Betty desembolsar US$ 7 para jogar e Lulu desembolsar US$ 3, o jogo será justo. Três décimos das vezes Betty irá perder US$ 7 e 7/10 das vezes, ela ganhará US$ 3. Como Betty tem mais probabilidade de ganhar, não lhe é dada a oportunidade de arrecadar a mesma quantia que Lulu. A situação inversa também vale para Lulu.

Vamos supor que as jogadoras não tenham conhecimento disso tudo e estipulem suas próprias apostas. Lulu está disposta a jogar apostando US$ 10 se Betty apostar US$ 20. Se jogarem diversas vezes, quanto Betty espera ganhar? Vamos calcular os ganhos médios que Betty espera (os ganhos que espera por jogo). Como em 3 das 10 vezes Betty perderá US$ 20 e em 7 das 10 vezes ganhará US$ 10, o ganho previsto por jogo será $(3/10 \times (-US\$ 20)) + (7/10 \times (US\$ 10)) =$ + US$ 1. Se disputarem o jogo muitas vezes, Betty pode esperar ganhar uma média de US$ 1 por jogo e Lulu pode esperar perder US$ 1 por jogo. De fato, se a aposta fosse ajustada em US$ 1 – com Betty pagando US$ 21 para cada US$ 9 de Lulu – o jogo seria justo.

A questão de saber quanto os participantes deveriam desembolsar para disputar um determinado jogo era antigamente um problema comum de probabilidade. O naturalista francês Georges Louis Leclerc de Buffon, um pioneiro no uso de experimentação para resolver problemas de probabilidade, descreveu em seu *Essai d'arithmetique morale*, datado de 1777, uma experiência que envolvia um teste empírico do problema de

São Petersburgo – um paradoxo de jogo de azar que foi amplamente discutido por matemáticos durante o século XVIII[3]. Segue-se o problema de São Petersburgo:

Peter e Paul concordam em disputar um jogo baseado em lançar uma moeda. Se der cara na primeira jogada (probabilidade = $1/2$), Paul pagará um xelim a Peter, e o jogo termina. Se a primeira jogada der coroa mas a segunda jogada der cara (probabilidade $1/2 \times 1/2$, ou $1/4$), Paul paga a Peter dois xelins, e o jogo termina. Se a primeira cara aparecer na terceira jogada (probabilidade = $1/2 \times 1/2 \times 1/2$, ou $1/8$), Paul pagará 4 xelins a Peter e assim por diante. A cada vez que não aparecer a cara que vence o jogo, o pagamento dobra. Assim que a cara que vence o jogo aparece, o jogo termina e o jogador recebe a aposta. A probabilidade de que o jogo seja ganho na enésima jogada é $1/2 \times 1/2 \times \ldots \times 1/2$, multiplicado n vezes ou $(1/2)^n$. Peter é o único jogador que pode ganhar. Por isso, ele precisa pagar para disputar o jogo. A pergunta é: Quanto Peter deve pagar a Paul pelo privilégio de participar desse jogo?[4]

Se descobrirmos qual seria sua expectativa de ganhos, independentemente do valor da aposta, esse seria o valor que Peter deveria pagar a Paul para que o jogo fosse justo. Como Peter pode ganhar 1 xelim a metade

▼

[3]. O ensaio de Buffon (1777) foi um suplemento de sua *Histoire naturelle*. O paradoxo havia chamado a atenção dos matemáticos por meio de Nicholas Bernoulli e seu irmão, Daniel, membros da Academia de Petersburgo.
[4]. Boyer, 1968, apresentou o problema de São Petersburgo como o jogo de "Peter and Paul".

das vezes, 2 xelins um quarto das vezes, 4 xelins um oitavo das vezes, 8 xelins um dezesseis avos das vezes e assim por diante, calculamos que seus ganhos esperados sejam:

$$(1 \times 1/2) + (2 \times 1/4) + (4 \times 1/8) + (8 \times 1/16) + \ldots$$

$$= (1/2) + (2/4) + (4/8) + (8/16) + \ldots$$

$$= (1/2) + (1/2) + (1/2) + (1/2) + \ldots$$

Se somarmos $1/2$ um número infinito de vezes, o resultado será um número infinito de xelins. Como o ganho esperado de Peter é um número infinito de xelins, Peter deve pagar a Paul um número infinito de xelins para disputar esse jogo. O paradoxo é que, de fato, não é provável que Peter ganhe uma grande quantidade de xelins, mas apenas uma pequena quantia.

O paradoxo de São Petersburgo propunha um simples jogo de cara ou coroa no qual os ganhos esperados de um dos jogadores, quando computados matematicamente, seriam infinitos – embora o bom senso na época indicasse uma pequena soma. A probabilidade de que uma partida ultrapasse 10 jogadas de uma moeda, por exemplo (quando os ganhos atingiriam 1024 xelins ou mais), é de aproximadamente 0,000977, ou menos de um décimo de 1%.

Numa tentativa de resolver o dilema criado pelo problema de São Petersburgo, Buffon relatou ter de fato realizado uma experiência com o jogo de Peter e Paul. Usando uma criança para jogar uma moeda, ele documentou os resultados de 2048 jogos. Buffon concluiu que a média de ganhos por jogo era de 5 xelins – uma quantia modesta. Embora os ganhos esperados por jogo aumentem se o número de jogos exceder 2048, Buffon salienta que, para aumentar a média de ganhos para 10 xelins por jogo, seria preciso continuar a jogar por 13 anos![5]

O paradoxo pode ser resolvido se o final do jogo não for indeterminado. O jogo termina quando sai uma cara. Portanto, em tese, o jogo se prolongaria para sempre se o resultado nunca fosse cara. E, assim, os ganhos esperados também seriam infinitos. Outros disseram que isso indica que Paul era um mentiroso, pois havia prometido pagar a aposta e não lhe seria possível saldar uma quantia infinita, mesmo que Peter dispusesse de uma quantia infinita para desembolsar pelo direito de jogar[6].

Paul é a "banca" e precisa garantir o pagamento da aposta por maior que seja a duração do jogo. Digamos que Paul tenha muito dinheiro, de modo que esteja assegurado a Peter o pagamento de alguma quantia muito alta. Se Paul tivesse um trilhão de dólares – ou 10^{12} dólares – quantas jogadas seriam necessárias para

▼
5. Buffon, 1777; Todhunter, 1865.
6. Weaver, 1963; Tversky e Bar-Hillel, 1983.

limpar a banca? O pagamento por 40 jogadas já excederia (em 99 bilhões) um trilhão de dólares. Qual é o retorno esperado de Peter no jogo se ele pode lançar as moedas no máximo 40 vezes (em outras palavras, Paul deve pagar a Peter o trilhão de dólares se forem atingidas 40 jogadas sem uma cara, e o jogo será encerrado). Pela nossa fórmula anterior temos agora

$$(1/2) + (1/2) + (1/2) + (1/2) + \ldots + (1/2)$$

ou $40 \times 1/2$. Portanto, Peter precisa desembolsar US$ 20 pelo direito de jogar, e Paul precisa ter um trilhão de dólares para cobrir o pagamento da aposta – na eventualidade de que o jogo chegue às 40 jogadas – e há cerca de 97% de chance de que Peter venha a ganhar menos de US$ 20.

Eqüiprováveis a longo prazo

A manchete de um artigo do *New York Times* de 1990 diz o seguinte: "Coincidência de 1 em um trilhão, é o que você acha? No fundo, não, concluem especialistas."[7] O artigo descreve uma coincidência aparentemente inacreditável sobre uma mulher que ganhou na loteria de Nova Jersey duas vezes em quatro meses, um feito originalmente descrito como uma remota possibilidade de 1 em 17 trilhões. As pesquisas

▼
7. Kolata, 1990.

sobre coincidências realizadas por dois estatísticos de Harvard revelaram, entretanto, que as possibilidades de um evento como esse acontecer com *alguém, em algum lugar* nos Estados Unidos, eram em torno de 1 em 30 – não tão espantoso assim. Eles explicam que esse é um exemplo da lei dos grandes números: "Com uma amostra suficientemente grande, qualquer coisa extraordinária pode acontecer."[8] Dentre os milhões e milhões de pessoas que compram bilhetes de loteria regularmente nos Estados Unidos, não é inconcebível que alguém em algum lugar acerte na loteria duas vezes.

Outro artigo do *New York Times* de setembro de 1996, dessa vez a respeito do trágico acidente com o vôo 800 da TWA em 17 de julho de 1996, dizia que "mais de uma vez, especialistas em investigações de acidentes tentaram acabar com a especulação, declarando que a possibilidade de fogo amigo seria aproximadamente a mesma de um meteorito ter atingido a aeronave". Numa carta ao editor em 19 de setembro, Charles Hailey e David Helfand escreveram: "A possibilidade de um meteorito ter atingido o vôo 800 da TWA ou qualquer outro avião é de fato pequena. Entretanto, os cálculos pertinentes não tratam da probabilidade de qualquer avião em particular ser atingido, mas da probabilidade de um grande avião comercial, nos últimos 30 anos de grande volume de tráfego aéreo, ser atingido por um

▼
8. Diaconis e Mosteller, 1989 (p. 859).

meteoro com energia suficiente para danificar o avião ou causar uma explosão." Observando que 3.000 meteoros com a massa necessária atingem a Terra todos os dias, que 50.000 vôos comerciais ocorrem ao redor do mundo todos os dias, e pressupondo uma média de tempo de vôo de duas horas, o que quer dizer que estão no ar 3.500 aviões em qualquer momento; e calculando que esses aviões cobririam aproximadamente 2 bilionésimos da superfície da Terra, os autores concluem que, em 30 anos de viagens aéreas, a probabilidade de um vôo comercial ser atingido por um meteorito com impacto suficiente para derrubar a aeronave é de 1 em 10. Se suas hipóteses e cálculos estiverem corretos, essa seria mais uma manifestação da lei dos grandes números.

No caso do problema de São Petersburgo, as chances de que Peter consiga 40 caras em seguida num determinado jogo são extremamente pequenas. Mas se forem jogadas partidas suficientes, alguém vai acabar ganhando o trilhão de dólares. A longo prazo, mesmo as coisas mais improváveis acontecem.

Cícero, que tinha uma visão surpreendentemente moderna da probabilidade, compreendeu isso já no século I a.C. Ao deparar com a declaração de que 100 jogadas de Vênus não poderiam ocorrer por acaso, Cícero discordou:

> Vós dissestes, por exemplo, "Que a jogada de Vênus resulte de uma jogada dos quatro dados [*talis*] pode ser devido ao acaso,

mas cem jogadas de Vênus resultarem de cem jogadas, isso não pode ser devido ao acaso." Em primeiro lugar eu não sei por que não seria possível... Nada é tão incerto quanto uma jogada de dados e, no entanto, não existe quem jogue sempre e não tenha às vezes feito uma jogada de Vênus e ocasionalmente duas ou três em seguida. Então, como bobos, vamos preferir dizer que isso aconteceu por orientação de Vênus e não por acaso?[9]

Ao contrário dos seus contemporâneos, cuja impressão era de que essas coisas aconteciam sob orientação dos deuses, a compreensão mais madura de Cícero era de que *qualquer* jogada e qualquer seqüência de jogadas poderia ser atribuída ao acaso. Cícero sabia que a longo prazo, dadas oportunidades suficientes, o evento raro iria ocorrer. Essa observação perspicaz não é nem um pouco óbvia para a maioria das pessoas, mesmo atualmente.

O rabino Isaac bem Mosheh Aramah, ao escrever no século XV, tinha um ponto de vista diferente a respeito de um evento que ocorre muitas vezes de uma certa maneira. Ele o considerava um milagre. Comentando as Escrituras que descreviam o uso do sorteio para identificar Jonas como o culpado de provocar uma grande tormenta, ele diz:

> Pois é impossível ser de outra forma que não a de o acaso recair sobre um deles, quer ele seja inocente, quer culpado... Entretanto, o sentido da declaração deles "vamos tirar a sorte" é tirar a sorte *várias vezes*. Portanto o plural – *goralot* – é usado em vez

▼
9. Cícero, *De div.* 2.21.480, 2.59.121.

[do singular]... Eles assim fizeram e *tiraram a sorte muitas vezes*; e todas as vezes Jonas foi sorteado. Conseqüentemente a questão estava comprovada para eles. Conclui-se então que ser sorteado uma vez indica basicamente uma referência ao acaso.[10]

Considera-se que ser sorteado apenas uma vez é uma casualidade, ao passo que ser sorteado várias vezes seguidamente é considerado um sinal de Deus e, portanto, não seria uma casualidade. De forma similar, o rabino tece comentários sobre o papel do acaso no sorteio do bode expiatório, salientando novamente que a realização do bom augúrio a partir da peça marcada "para Deus" na mão direita deveria somente ser considerada um milagre se acontecesse muitas vezes.

O rabino Aramah indica que sorteios comuns (em oposição àqueles que ocorrem por orientação divina) não tendem nem para um lado, nem para o outro; ou seja, cada peça de um sorteio tem igual probabilidade de ser tirada. Sua definição de milagre ou "sinal" exclui qualquer ocorrência isolada, que poderia ocorrer por acaso. Uma série de eventos repetidos pode, entretanto, ser qualificada como um milagre, pois não seria provável, sugere ele, que tal série acontecesse por acaso. Cícero não concordaria.

Escrevendo por volta de 1564, Girolamo Cardano refere-se a uma certa jogada de dados improvável e nos assegura que "no entanto, num número infinito de jo-

---

10. Jonas 1,7. Ver Rabinovitch, 1973 (p. 28).

gadas, é quase necessário que ela aconteça". Cardano está salientando que, com *muitas* tentativas, o número de vezes que um determinado resultado irá ocorrer está muito próximo da conjectura matemática, ou da esperança matemática. E *isso se aplica mesmo aos eventos mais improváveis; se é possível que eles aconteçam, dadas oportunidades suficientes, eles acabarão ocorrendo*, de acordo com as leis da probabilidade.

Cardano, como Cícero, compreendeu que o evento raro irá ocorrer a longo prazo. No seu *Livro sobre os jogos de azar*, Cardano afirma: "O princípio mais fundamental de todos nos jogos de azar é simplesmente *condições iguais*, por exemplo, entre os adversários, os assistentes, de dinheiro, da situação, do copo dos dados e do dado propriamente dito... Pois no jogo de dados não se tem um sinal determinado, mas tudo depende inteiramente do *puro acaso*, se o *dado for honesto*. Tudo o mais que possa haver, além de conjecturas infundadas e dos argumentos dados acima, deve ser atribuído à *sorte cega*." Nesse texto, Cardano estabelece que os pilares fundamentais dos jogos de azar e da sorte são a existência de condições iguais[11].

Cardano continua a demonstrar um conhecimento das alternativas eqüiprováveis, ressaltando a diferença entre um determinado resultado aleatório e o que seria experimentado a longo prazo: "O astrágalo tem quatro

---
11. Cardano, 1564 (pp. 189, 204, 223).

faces, e portanto também quatro pontos. Mas o dado tem seis; em seis jogadas, a face voltada para cima deveria mostrar uma soma de pontos a cada vez; mas, como algumas se repetem, segue-se que as outras não aparecerão." Ilustrando a natureza aleatória dos eventos casuais, Cardano destaca que, em seis jogadas de um dado, um determinado lado pode ficar voltado para cima ou não, mas que, num grande número de tentativas, cada lado do dado ficará voltado para cima 1 vez em 6[12].

Em 300 jogadas de um só dado, por exemplo, podemos esperar que um 1 apareça 50 vezes; já que 50 em 300 é equivalente a 1 em 6 – nossa esperança matemática. Em 30 lances, podemos esperar o número 1 em torno de 5 vezes. Cada esperança baseia-se na probabilidade de se conseguir um 1 uma vez em 6, ou $1/6$ das vezes. Na verdade, podemos ou não conseguir o número 1 $1/6$ das vezes; mas, quanto maior o número de tentativas, mais próxima de $1/6$ vai ficar a proporção de números 1.

Em 10.000 jogadas de um dado, a esperança matemática diz que o número 1 aparecerá aproximadamente 1.667 vezes, já que 1.667 é aproximadamente $1/6$ de 10.000. Poderíamos obter na verdade uma contagem de 1.660, 1.690 ou 1.700 números 1, mas a *proporção* de números 1 – 1.660 em 10.000, 1.690 em 10.000 e 1.700

---

12. *Ibid.* (pp. 192, 196). Shafer, 1978, ressalta que o entendimento de Cardano a respeito de resultados igualmente prováveis é levado ao extremo quando ele calcula probabilidades para o *astrágalo* como se cada um dos lados assimétricos fosse igualmente provável. Ver também Ore, 1953; Hacking, 1975.

em 10.000 – é muito próxima de 1.667 em 10.000. Convertendo-se para porcentagens, ela seria de 16,6, 16,9 e 17% respectivamente, todas próximas dos 16,7% previstos pela matemática da probabilidade. Em 100.000 jogadas de um dado, poderíamos obter 500 números 1 a mais que o previsto matematicamente e, ainda assim, a porcentagem de números 1 seria afetada somente por metade de 1%.

Já entre os 7 e os 11 anos de idade, as crianças percebem que, quanto maior o número de tentativas, mais próximos da esperança matemática os resultados se apresentam. Aos 11 ou 12 anos, a intuição da criança costuma cristalizar-se em uma compreensão da probabilidade baseada em freqüências a longo prazo. Quando muito novas, as crianças não entendem esse conceito. Em parte, o problema reside no fato de que as crianças pequenas não aceitam a noção de aleatoriedade, que está no cerne de qualquer entendimento da probabilidade. Piaget e Inhelder concluíram que as crianças pequenas consideram que os resultados aleatórios manifestariam regras formuladas, porém ocultas. Quando solicitadas a prever em qual das muitas cores a roleta iria parar, elas repetidamente davam uma de duas respostas: ou a roleta deveria voltar a uma cor em que havia parado antes, ou – exatamente o oposto – a roleta deveria parar em uma cor em que ainda não havia parado[13].

▼
13. Piaget e Inhelder, 1975 (p. 77).

Contudo, a visão expressa por muitos adultos numa mesa de jogo é muito semelhante à das crianças pequenas. Depois de uma série de apostas ganhas, podemos entreouvir, "Ele é quente, aposte nele", ou após uma série de apostas perdidas, "Já está na hora de ele ganhar, aposte nele".

Depois de um grande número de apostas perdidas, os jogadores costumam pensar, "Minha sorte tem de mudar" ou "Logo a sorte vai estar do *meu* lado". Os psicólogos Daniel Kahneman e Amos Tversky salientam que o cerne da ilusão do jogador está numa concepção equivocada a respeito da imparcialidade das leis do acaso. Nós acreditamos que o acaso é um processo que se corrige sozinho, no qual os desvios em uma direção logo serão compensados por desvios em outra direção. Mas o fato é que os desvios a curto prazo não são corrigidos, eles são simplesmente diluídos a longo prazo, como ressaltam Tversky e Kahneman[14].

Em sua coluna semanal no *Parade Magazine*, a popularíssima Marilyn vos Savant, apontada pelo *Guinness Book of World Records* como a pessoa de Q.I. mais elevado do mundo, recebeu a seguinte pergunta de uma leitora: "De alguma forma você teve uma sorte incrível e conseguiu, no cara ou coroa, 100 caras em seguida. A probabilidade de conseguir outra cara na próxima jogada pode ser no máximo de 50%, não é?"[15] De

---

▼
14. Tversky e Kahneman, 1974 (p. 1125).
15. Vos Savant, 26 de dezembro de 1993 (p. 3), citado no *website* CHANCE.

fato, muitas pessoas têm a mesma impressão da leitora, de que 100 caras sem dúvida logo serão compensadas por uma coroa.

Mas, como a própria leitora destaca, uma pessoa que obteve 100 caras em seguida já conseguiu algo extremamente improvável (ver Figura 11). A questão agora diz respeito a apenas uma jogada. Se a moeda for honesta, sua chance é de fato de 50%, a mesma probabilidade da primeira jogada. Mas talvez as 100 jogadas anteriores apresentem algum indício de que a moeda não era honesta – ela poderia, com efeito, apresentar uma tendência a dar cara. Nesse caso, a probabilidade de uma cara na próxima jogada é maior que 50%.

Os jogos que usam dados, moedas e outros dispositivos de sorte são populares na Europa há mais de 2000 anos. Apesar disso, só no final do século XVI e no início do século XVII, na Itália, os estudiosos desenvolveram uma sólida compreensão da probabilidade. Embora os jogadores àquela época já tivessem acumulado uma considerável experiência em jogos de azar, somente os trabalhos de Cardano e Galileu parecem demonstrar uma percepção mais profunda da matemática da probabilidade.

É irônico, embora não seja surpreendente, que os primeiros escritos sobre a probabilidade tenham sido inspirados por aqueles providos de mais experiência na observação das probabilidades e da "sorte" – pelos joga-

Figura 11 100 caras em seguida. É sorte? É um milagre? A moeda estava adulterada? Ou estou numa maré de sorte?

dores de dados. O próprio Cardano, que tinha um conhecimento de probabilidade impressionante para a época, era um jogador supersticioso, e o pequeno, porém importante, tratado de Galileu *Reflexões sobre os jogos de dados* foi escrito para os jogadores nobres da corte de Florença[16].

O início dos estudos mais sérios sobre a probabilidade é normalmente atribuído à correspondência entre Blaise Pascal e Pierre de Fermat, que começou em torno de 1654. Essa correspondência também se originou de um problema de jogo de azar relatado a Pascal por seu amigo Chevalier de Mere, figura proeminente da corte em Paris e também jogador[17]. Felizmente, por serem Pascal e Fermat considerados matemáticos do maior calibre, seu interesse pela probabilidade atraiu a atenção de outros matemáticos e filósofos para o estudo sério das leis da casualidade.

▼
16. Ore, 1953; Galileu, 1623.
17. Ore, 1960; Boyer, 1968.

Acaso ou necessidade?

> Quando você está escutando a pipoca estourar,
> está ouvindo o teorema do Limite Central?
>
> WILLIAM A. MASSEY, 1996

Será que um acontecimento aleatório não é totalmente previsível, e é somente aleatório em virtude da nossa ignorância dos fatores concorrentes mais ínfimos? Ou seriam os fatores concorrentes incognoscíveis, tornando portanto aleatório um resultado que jamais pode ser determinado? Seriam os eventos aparentemente aleatórios meros resultados de flutuações superpostas num determinado sistema, mascarando sua previsibilidade? Ou existe alguma desordem intrínseca ao próprio sistema?

A questão filosófica do acaso *versus* necessidade remonta aos gregos e continua sendo debatida até hoje. O primeiro atomista, Leucipo (cerca de 450 a.C.), disse: "Nada acontece aleatoriamente; tudo acontece por alguma razão e por necessidade." A escola atômica sustentava que o acaso não poderia significar *sem causas*, já que tudo tem uma causa. O acaso deve, sim, significar *causa oculta*. Essa opinião continuou a ser sustentada pelo sucessor de Leucipo, Demócrito (cerca de 460-370 a.C.), para quem o acaso significava *ignorância* da causa determinante[1].

Séculos mais tarde, os estóicos também repudiaram o evento sem causa. Crísipo (cerca de 280-207 a.C.) teria dito: "Não existe nada que se possa chamar de ausência de causa ou espontaneidade. Nos chamados impulsos acidentais, inventados por alguns, existem causas ocultas à nossa visão que determinam o impulso numa determinada direção."[2] É muito provável que a referência aos chamados impulsos acidentais seja uma alusão à filosofia contrária, de Epicuro (341-270 a.C.) e seus discípulos.

Os epicuristas asseguravam que a crença na necessidade – ou seja, em que os eventos são predeterminados – e a eliminação dos eventos sem causa eram incompatíveis com o conceito do livre-arbítrio. Epicuro aceitava a teoria básica dos atomistas, mas se distanciava deles ao acreditar que um desvio sem causa, espontâneo, dos átomos fazia com que colidissem, e que a incerteza do

---

▼

1. Fragmento de Leucipo (67.B.2) de H. Diels, *Die fragmente der Vorsofratiker*, 6ª ed. (Berlim, 1951), citado em Sambursky, 1959a (p. 50). Sobre Demócrito, ver Cioffari, 1935, e Sambursky, 1959b.
2. Citado por Plutarco, *De Stoic, repugn*. 1045 c; ver Sambursky, 1959a (p. 56).

desvio admitia o elemento do livre-arbítrio. A filosofia epicurista é mais bem documentada por Lucrécio, o poeta romano que viveu entre 96 e 55 a.C., em seu poema *De rerum natura*. Ao passo que o acaso, para os atomistas Leucipo e Demócrito, significava ignorância da causa, para Epicuro e Lucrécio o acaso abrangia o aspecto indeterminista.

Uma visão determinista do mundo predominou na Europa durante a Idade Média, incentivada pela crença da incipiente igreja cristã de que tudo acontecia sob o comando do Criador. O filosofo inglês Thomas Hobbes (1588-1679) assegurava que todos os eventos eram predeterminados por Deus ou por causas extrínsecas determinadas por Deus. No seu universo não havia espaço para o acaso; tudo provinha da necessidade. Num debate entre Hobbes e o doutor Bramhall, bispo de Derry, documentado por volta de 1646, Hobbes argumentou que era a ignorância dessas causas que impedia alguns homens de perceberem a necessidade dos eventos e que os fazia atribuí-los ao acaso[3].

O bispo, entretanto, tinha idéias diferentes. Embora raramente usasse a palavra acaso na sua tentativa de argumentar que o homem sem dúvida tem livre-arbítrio, ele admitia uma indeterminabilidade nos eventos que denominava *contingência*. Eventos contingentes são aqueles que podem ou não acontecer, ou podem

---
3. Hobbes, 1841; Sheynin, 1974.

acontecer de alguma outra forma. Como exemplo, o bispo utilizou o lance de dois dados que resulta em um par de 1 (às vezes chamado de "olhos de cobra"):

> Supondo-se que a [posição] da mão do participante que de fato lançou os dados, que o formato da mesa e dos próprios dados, que a quantidade de força aplicada e que todos os outros aspectos que colaboraram para a produção daquela jogada fossem exatamente iguais aos que haviam sido, não há dúvida de que, nesse caso, a jogada é necessária. Entretanto, isso não passa de uma necessidade de suposição; pois, se todas essas causas concorrentes, ou algumas delas, fossem contingentes ou livres, a jogada não seria de modo algum necessária. A começar pelo jogador, ele poderia negar sua cooperação e simplesmente não jogar; ele poderia adiar sua cooperação, e não jogar logo; ele poderia dobrar ou reduzir sua força ao lançar os dados, a seu bel-prazer; ele poderia jogar os dados em outra mesa. Em todos esses casos, o que seria do seu *ambs-ace* [par de 1]? Incertezas semelhantes apresentam-se ao fabricante das mesas, ao fabricante dos dados, ao dono das mesas, ao tipo da madeira e a uma quantidade desconhecida de outras circunstâncias.

O bispo estava salientando que, apesar de qualquer jogada específica ser determinada pelas leis da física, existem tantos aspectos circunstanciais na situação que o resultado é indeterminado[4].

Hobbes contrapôs que, se um simples aspecto da situação for alterado, uma nova jogada é necessariamente determinada, e que a indeterminabilidade significa simplesmente que não sabemos qual necessidade

▼
4. Hobbes, 1841 (pp. 41-2).

ocorrerá. O bispo retrucou que o efeito é necessário "quando os dados são lançados; mas não antes que os dados sejam lançados". O bispo estava fazendo uma distinção perspicaz: a física daquela situação casual é determinista quando acontece, mas indeterminista antes de acontecer. Esse não era o ponto de vista em geral aceito na época[5].

Se todas as condições iniciais fossem conhecidas, o lançamento dos dados seria aleatório? O bispo de Derry, em 1646, provavelmente diria que, se as condições iniciais pudessem ser completamente conhecidas ou completamente controladas, o jogo de dados não estaria na categoria dos eventos aleatórios. Se fosse possível construir uma máquina que produzisse um determinado lançamento de dados com 99% de precisão, o bispo provavelmente diria que ele apresentava 1% de contingência.

Mesmo hoje, ainda consideraríamos aleatório o lançamento da máquina; os resultados simplesmente não têm probabilidades iguais. E mesmo se pudéssemos aumentar a precisão da máquina para 99,9%, ainda assim consideraríamos os lançamentos aleatórios – cada um deles com uma certa probabilidade de ocorrer. No entanto, assim que a precisão chegasse a 100%, ou o resultado fosse garantido, o evento seria puramente determinista, sem envolver nenhuma incerteza. Se não há incerteza, não há aleatoriedade.

▼
5. Hobbes, 1841 (p. 413).

Pouco tempo depois do debate entre o bispo de Derry e Thomas Hobbes, foi feita uma descoberta científica que, estranhamente, complementava o determinismo cristão e que pelos dois séculos seguintes desequilibrou o debate em favor da necessidade em detrimento do acaso. Essa descoberta foi a física newtoniana – um sistema de pensamento que representou o pleno florescimento total da Revolução Científica no final do século XVII. Com base no trabalho de Newton e de muitos outros, desenvolveu-se uma crença entre os cientistas de que tudo no mundo natural poderia ser conhecido por meio da matemática. E, se tudo se adequava a um projeto matemático, então deveria existir um Grande Projetista. Não havia nessa filosofia lugar para o puro acaso ou para a aleatoriedade.

Esse determinismo pode ser visto claramente no prefácio de John Arbuthnot, datado de 1692, para a tradução de *De retiociniis in ludo alea* (*Cálculos em jogos de azar*) de Christiaan Huygens, o primeiro texto impresso sobre a teoria da probabilidade. Arbuthnot afirma: "São pouquíssimas as coisas que conhecemos que não podem ser reduzidas a um pensamento matemático, e, quando não é possível reduzi-las, é um sinal de que nosso conhecimento a seu respeito é pequeno e confuso." Quanto ao acaso, disse ele, "é impossível para um dado, com uma determinada força e direção, não cair sobre um determinado lado; só que eu desconheço a força e a direção que fariam com que ele caísse sobre aquele determinado lado e, portanto, chamo de acaso aquilo que não passa de falta de perícia"[6].

Quando os cientistas começaram a investigar com diligência os céus e a Terra em torno deles durante a Revolução Científica, tentaram reduzir tudo à matemática. Na crença fervorosa de que a análise numérica exata deveria levar a leis universais, mediram distâncias na Terra, distâncias no espaço, órbitas, marés – parecia que tudo se encontrava dentro dos limites da capacidade humana de medir, contar e calcular[7].

No entanto, apesar dos melhores instrumentos e métodos, os cientistas competentes não cessavam de obter medidas diferentes ao medir a mesma entidade. Era até provável que o mesmo cientista, se fizesse mais de uma observação do mesmo objeto, obtivesse resultados diferentes. O erro aleatório aparecia, de forma bastante inesperada, nos trabalhos dos cientistas da natureza que tentavam descobrir fatos sobre fenômenos *exatos*, como distâncias astronômicas e orbitais – fenômenos que pareciam representar a antítese dos eventos aleatórios.

A teoria dos erros

Os cientistas treinados em astronomia e geodesia (o estudo do tamanho e do formato da Terra) viram-se

---
6. Arbuthnot, 1714.
7. Porter, 1986 (p. 233).

forçados a lidar com o difícil problema de como explicar as medidas discrepantes de um dado fenômeno, que presumiam ser constante. Surgiram grandes discussões sobre como tratar as discrepâncias provocadas por instrumentos ou observadores imperfeitos. Se de todas as medições resultavam pequenas diferenças, qual das medições era a verdadeira? O que é considerado uma "leve" diferença? Quando se efetuava uma nova medição – uma medição em relação à qual não existiam outras medidas para comparação – qual era a probabilidade de estar pouco ou muito errada? O valor segundo o qual uma observação isolada se afastava da medida verdadeira (a diferença entre as duas) foi chamado de erro de observação ou de medição[8].

Já no final do século XVI, o astrônomo dinamarquês Tycho Brahe foi um dos investigadores que lutaram para eliminar os erros aleatórios a fim de obter exatidão nas medições científicas. Em 1632, Galileu formulou várias proposições sobre erros de observação: (1) os erros são inevitáveis; (2) os erros pequenos são mais prováveis que os grandes; (3) os erros de medição são simétricos (tendendo igualmente a subestimar e superesti-

▼
8. Ver Simpson, 1756; Sheynin, 1971. O problema de erros pessoais do observador nos casos em que as medidas de um observador podem ser constantemente maiores ou menores (mais rápidas ou mais lentas) que as de outro é enfocado na história de Nevil Maskelyne, o quinto Astrônomo Real e seu desafortunado assistente, David Kinnebrook. Maskelyne, que dirigiu o Observatório Real por 46 anos, terminou demitindo Kinnebrook por acreditar que ele era preguiçoso e incompetente. Ronan, em 1967, em *Astronomers Royal*, afirma que Kinnebrook foi acusado injustamente quando, sem cometer nenhum erro, ele coerentemente observava o trânsito de uma estrela após o próprio Maskelyne.

mar); e (4) o verdadeiro valor da constante observada está próximo da maior concentração de medições[9].

Como qualquer observação estava sujeita a erros aleatórios de medição, no século XVIII os cientistas já sentiam enorme interesse pela *combinação* de diversas observações. Uma forma de combinar as observações é extrair uma média delas. De fato, já na primeira metade do século XVIII, a maioria dos pesquisadores considerava a média aritmética a representação mais precisa do valor "real" de medições discrepantes[10]. A média não seria tão precisa quanto a melhor medição, nem tão imprecisa quanto a pior. Mas, como ninguém sabia qual era a melhor e qual era a pior, a média era, pelo menos, uma escolha segura.

Acreditava-se que tirar a média de diversas observações fosse uma estimativa razoável do exato valor que estava sendo medido. Suponhamos, por exemplo, que medimos o comprimento de uma folha de papel com instrumentos altamente sofisticados e obtemos cinco resultados diferentes: 28,07; 28,17; 27,84; 27,96 e 27,89 centímetros. Qualquer uma dessas poderia ser a medida correta, ou talvez nenhuma delas seja correta. Com certeza, uma delas é a mais correta (ou mais de uma em caso de empate), e uma (ou mais) é a menos correta. Se precisarmos de um número para usar como

▼
9. Galileu, 1632. Ver Maistrov, 1974.
10. Kendall, 1961; Maistrov, 1974.

comprimento, parece razoável escolher um número que possa representar o valor médio do grupo de números, já que ele não pode ser tão afastado da maior ou da menor observação.

Num ensaio datado de 1756, Thomas Simpson tentou demonstrar a vantagem de usar a média no lugar de uma única observação em astronomia. Ele demonstrou que a probabilidade de que a média estivesse errada por um determinado valor era menor do que a probabilidade de que uma única observação estivesse errada pelo mesmo valor. Simpson comparou erros aleatórios em medições de jogadas de dados; e, graças a essa percepção importantíssima, ele é considerado por muitos a primeira pessoa a associar a distribuição de erros aos eventos aleatórios[11].

Em sua análise, Simpson partiu do pressuposto de que a distribuição de probabilidades de erros numa única medição era análoga à distribuição de probabilidades dos resultados de jogadas de dados. Vamos examinar como ele chegou a essa suposição. Se uma observação tem igual probabilidade de ser qualquer número dentro de uma faixa razoável em torno da medida verdadeira, então as probabilidades de qualquer observação isolada estão distribuídas uniformemente. As probabilidades de um erro de determinado valor (a diferença entre a observação efetiva e o valor correto da

---

11. Simpson, 1756; H. Walker, 1929; Kendall, 1961.

medição) também estariam uniformemente distribuídas – como as probabilidades de aparecer um determinado número no lançamento de um dado (ver Figura 12, parte superior).

Mas, se observarmos a forma como um grupo de erros se distribui, não veremos probabilidades uniformes. Mais erros irão juntar-se próximo do meio do grupo, com o número de erros decaindo suavemente à medida que o valor do erro se distancia do meio, até que restem somente muito poucos nas extremidades (Figura 13, parte superior). Perceba a similaridade da distribuição de Simpson com a distribuição de probabilidades dos resultados dos dados quando mais de um dado é jogado (Figura 12, parte inferior). Nela, a probabilidade de resultados próximos do meio é grande, e a probabilidade de resultados diminui ao se afastar do meio.

Simpson formulou a hipótese de que as probabilidades de erros de observação em astronomia seriam proporcionais ao seu tamanho e portanto comportar-se-iam de forma semelhante às probabilidades de resultados num jogo de dados. Ele chegou desse modo a uma forma triangular para representar a distribuição de probabilidades de erros de observação em astronomia.

A diferença principal entre a aparência da curva de probabilidade de Simpson e a aparência do gráfico de probabilidades para somas de dois dados é atribuível à diferença entre os tipos de variáveis que estão sendo

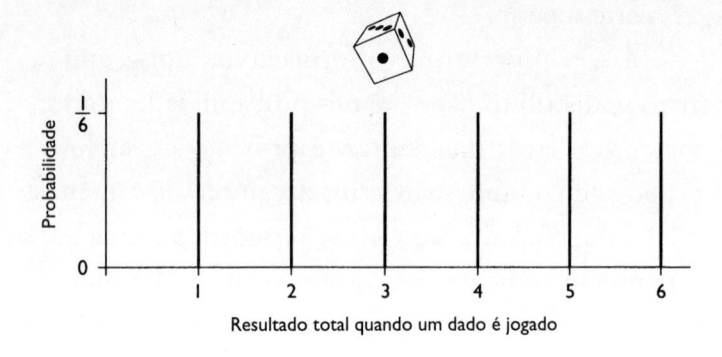

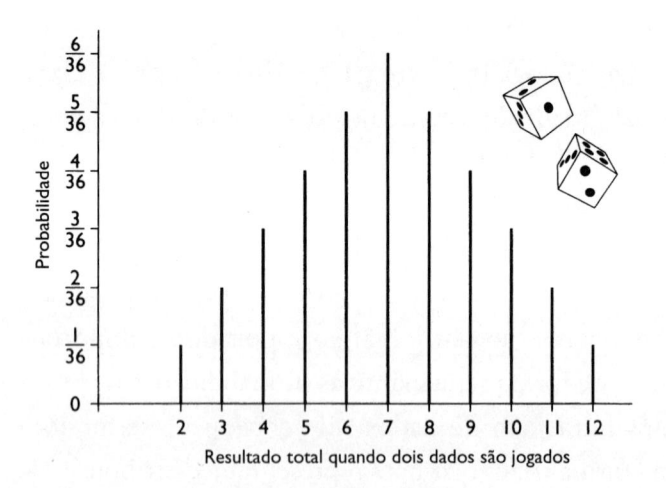

Figura 12 Distribuição de probabilidades para o resultado do lançamento de um dado (gráfico superior) comparada com a distribuição de probabilidades para o resultado, ou soma, do lançamento de dois dados (gráfico inferior).

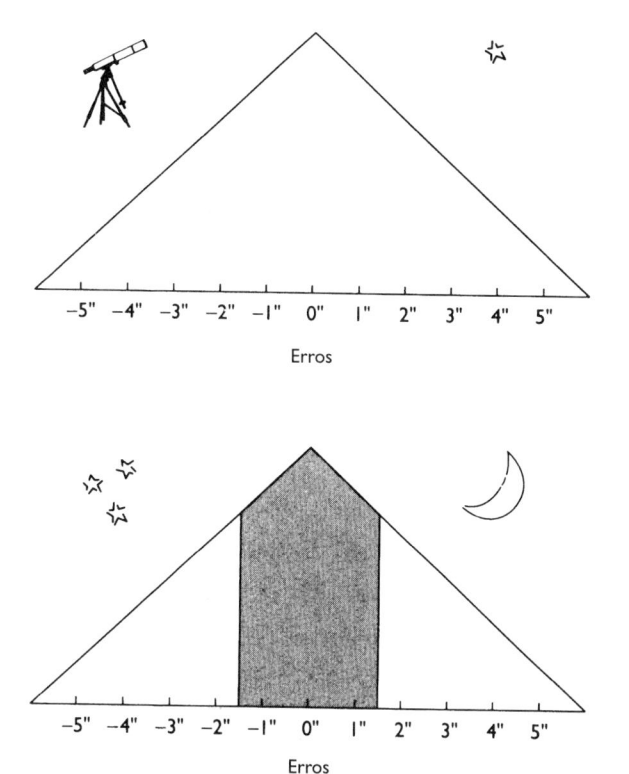

Figura 13 Em 1756, Thomas Simpson propôs essa curva de probabilidades para erros em astronomia (gráfico superior) e sugeriu que a probabilidade de um erro entre −1" e +1" poderia ser determinada calculando-se a área sombreada sob a curva de probabilidade (gráfico inferior).

medidas. A soma de dois dados pode ser somente os números 2, 3, 4, 5 e assim por diante até 12. O resultado é chamado de uma variável aleatória *discreta*, porque pode variar (pelo acaso) somente entre onze resultados específicos. Por outro lado, os erros de Simpson podem ser *quaisquer* números entre −5" e +5" − um erro pode ser, por exemplo, 1,5", 1,51", 1,501" ou qualquer número de segundos. Os erros de observação são exemplos de uma variável aleatória *contínua* porque cada observação pode variar (pelo acaso) entre quaisquer números do conjunto contínuo entre −5"e +5".

Observando-se a que altura se eleva a barra ou o pico, pode-se ler diretamente a probabilidade de uma certa soma de dois dados a partir do seu gráfico de probabilidades. No gráfico de barras que representa as probabilidades de somas de dois dados, por exemplo, o pico acima do resultado 7 sobe até a altura de $6/36$, ou $1/6$. Isso indica que a probabilidade de obter um sete num lançamento de dois dados é de $1/6$. A probabilidade de obter uma ou mais somas também pode ser extraída desse gráfico. A probabilidade de conseguir um 6, um 7 ou um 8 é calculada somando-se as alturas dos picos acima do 6, do 7 e do 8, ou $5/36 + 6/36 + 5/36 = 16/36 = 4/9$.

Em compensação, não podemos ler as probabilidades de erros de várias dimensões diretamente do gráfico de Simpson. A probabilidade de erros (e de qualquer outra variável contínua) é obtida por meio do cálculo das áreas sob a curva de probabilidade. O cálculo da probabilidade de se obter um erro na faixa de um segundo da medida verdadeira envolve o cálculo da probabilidade de todos os erros possíveis de −1" a +1" (a região sombreada no gráfico inferior da Figura 13). Simpson calcula que essa probabilidade seja de aproximadamente 0,44. Perceba que a área calculada na verdade não é de −1" a +1" mas, sim, de −1,5" a +1,5". Isso porque Simpson presumiu que os erros de observação arredondados ao segundo mais próximo e, portanto, uma medição que resultasse em 1,47", por exemplo, seria arredondada para 1".

Num ensaio escrito em 1777, Daniel Bernoulli objetou à idéia de que todos os erros são eqüiprováveis. Bernoulli comparou os erros aleatórios da observação astronômica aos desvios de um arqueiro[12]. Ao descrever os desvios em relação a um alvo ao longo de uma linha vertical, ele comenta: "Todos os erros são de tal forma que poderiam facilmente ser tanto numa direção quanto na outra, e seus resultados são totalmente incertos, sendo decididos como se fossem por um acaso inevitável." Mas acrescenta: "Não é óbvio que se deva supor que as flecha-

▼

12. D. Bernoulli, 1777 (pp. 158, 165). Considero interessante o exemplo de desvio de probabilidade na mira de um arqueiro. De acordo com o *OED*, a palavra moderna "estocástico" (que significa "determinado aleatoriamente; que segue alguma distribuição ou padrão aleatório de probabilidade, de modo que seu comportamento pode ser analisado em termos estatísticos, mas não previsto com precisão") é derivada do grego "*stochastikos*", que significava "hábil na mira, agindo por adivinhação", derivado de "*stochos*", que significava "mira, adivinhação" (*OED*, 1989).

das sejam mais adensadas e mais numerosas em qualquer faixa quanto mais próxima ela for da mosca?"

Bernoulli ilustrou seu raciocínio salientando a diferença em escolher o resultado "mais provável" entre lançamentos de dados eqüiprováveis, em oposição a escolher a jogada "mais provável" quando as jogadas não são eqüiprováveis. Daniel Bernoulli viu claramente os erros nas medidas astronômicas como resultados aleatórios, acrescentando que "todo o complexo de observações é simplesmente um evento aleatório". Mas ele também acreditava que a curva de probabilidade para erros de observação seria semicircular, com o comprimento do raio sendo o maior erro que seria provável que alguém cometesse (ver gráfico superior da Figura 14).

Origens da curva em forma de sino

Num relatório científico de 1778, Pierre Simon, marquês de Laplace, descobriu a curva de probabilidade para somas ou médias que se tornaria *a* curva para erros de observação (ver Figura 14, parte inferior). Mais tarde, em 1808, a curva normal para a distribuição de erros aleatórios, como é formalmente chamada essa curva em forma de sino, foi desenvolvida independentemente por um norte-americano desconhecido, Robert Adrian, e um ano mais tarde pelo famoso matemático, físico e astrônomo alemão Carl Friedrich Gauss. Adrian derivou a fórmula da curva normal como a *curva de probabilidade* para diferentes erros de

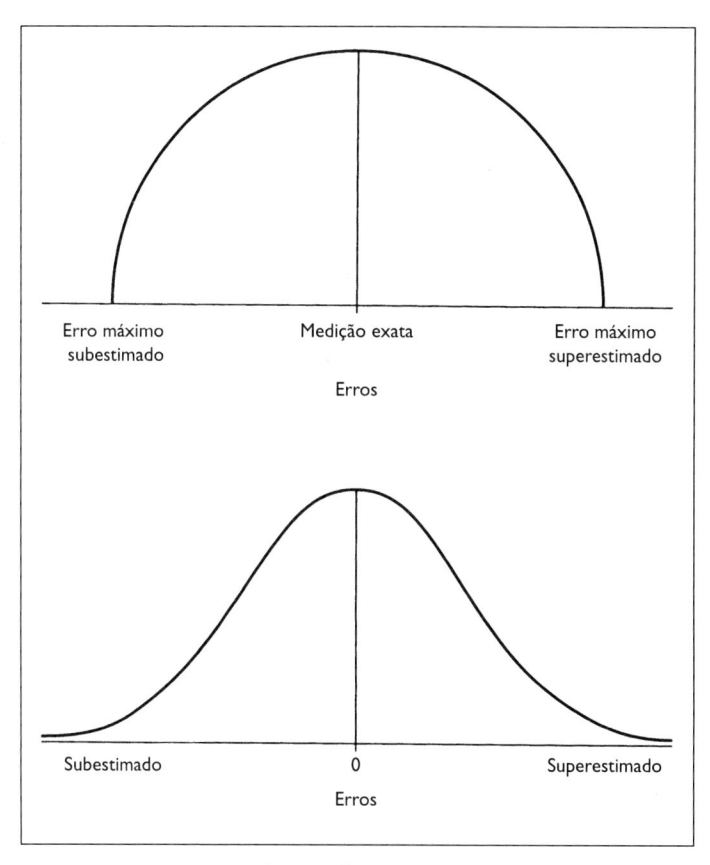

Figura 14 Em 1777, Daniel Bernoulli sugeriu um formato semicircular para a curva de probabilidade para erros em astronomia. Um ano mais tarde, a curva normal de probabilidades para erros de observação, ou curva em forma de sino (gráfico inferior), foi proposta por Pierre-Simon de Laplace.

observação em navegação, astronomia e pesquisa geodésica. Gauss derivou a curva normal como a lei que descrevia a probabilidade de erros em observações astronômicas num estudo sobre a movimentação dos corpos celestes. Com efeito, a distribuição normal de erros é às vezes chamada de distribuição gaussiana[13].

Numa dissertação de 1810, lida para a Academia em Paris, Laplace apresentou o que talvez seja sua conclusão mais importante na teoria da probabilidade, atualmente conhecida como Teorema do Limite Central. Em 1812, seu teorema já estava plenamente desenvolvido, pois Laplace já havia àquela altura feito a conexão entre o trabalho de Gauss que usava a curva normal como a curva de distribuição para erros e sua própria descoberta da distribuição normal para somas ou médias de eventos aleatórios. O Teorema do Limite Central provava que a soma ou a média de um grande número de erros apresentaria uma distribuição aproximadamente normal[14]. Como se presumia que os erros de observação se comportassem como eventos aleatórios simples, pode-se reenunciar o teorema e afirmar que a soma ou média de um grande número de *observações aleatórias independentes* tem uma distribuição aproximadamente normal.

▼
13. A respeito de Laplace, ver H. Walker, 1929; Stigler, 1978. Ver também Adrian, 1808; Gauss, 1809.
14. Laplace, 1886.

A síntese de Laplace/Gauss apresentou a idéia de que certos fenômenos, como os erros, por se comportarem como eventos aleatórios, poderiam ser descritos em termos previsíveis por meio de distribuições de probabilidades – particularmente pela distribuição normal ou em forma de sino[15]. Além disso, não somente as freqüências de certos dados, como os erros aleatórios, seguem uma distribuição normal, mas também a distribuição de probabilidades das somas ou médias de quaisquer dados desse tipo serão aproximadamente normais.

Assim, a curva da distribuição normal começou como a *teoria dos erros* em disciplinas nas quais se acreditava que os erros de medição ou as flutuações da natureza tinham um comportamento aleatório. Durante os dez ou vinte anos seguintes, em estudos de astronomia, física e mesmo balística, o Teorema do Limite Central veio a ser considerado uma lei universal – a lei normal dos erros aleatórios[16].

Antes do descobrimento da curva em forma de sino como a curva de probabilidades para erros de medição, sua fórmula foi desenvolvida por Abraham de Moivre para uma finalidade totalmente diferente: estimar probabilidades discretas, especificamente aquelas que envolviam cálculos trabalhosos. Sua descoberta foi

---
15. Stigler, 1986.
16. Weldon, 1906; Porter, 1986; H. Walker, 1929.

publicada num suplemento da edição de 1733 de *The Doctrine of Chances*[17]. De Moivre estava escrevendo sobre eventos que têm a mesma probabilidade de acontecer ou não acontecer, similares ao lançamento de uma moeda, no qual uma cara tem a mesma probabilidade de sair com a face para cima ou para baixo. Ao examinar um grande número de eventos desse tipo, De Moivre estava interessado em computar as probabilidades para o número total de ocorrências de um determinado resultado. A questão poderia envolver, por exemplo, o cômputo das probabilidades para um número total de caras quando uma moeda fosse jogada muitas vezes. Vamos examinar esse problema para ver o que acontece quando o número de jogadas se torna muito grande.

Quando jogamos uma moeda uma vez, sabemos que podemos conseguir um total de 0 cara (quando a face da coroa cai voltada para cima) ou 1 cara. Como os resultados de 0 cara e 1 cara são eqüiprováveis, o gráfico de barras de probabilidades mostra barras de altura igual, indicando as probabilidades iguais. Quando jogamos uma moeda duas vezes, podemos conseguir um total de 0 cara, 1 cara ou 2 caras. A probabilidade de 1 cara é duas vezes maior do que 0 cara ou 2 caras (ver Figura 15).

À medida que aumenta o número de jogadas, a forma geral da curva de distribuição de probabilidades muda. Existem mais resultados possíveis, as probabili-

---

17. K. Pearson, 1924; De Moivre, 1756.

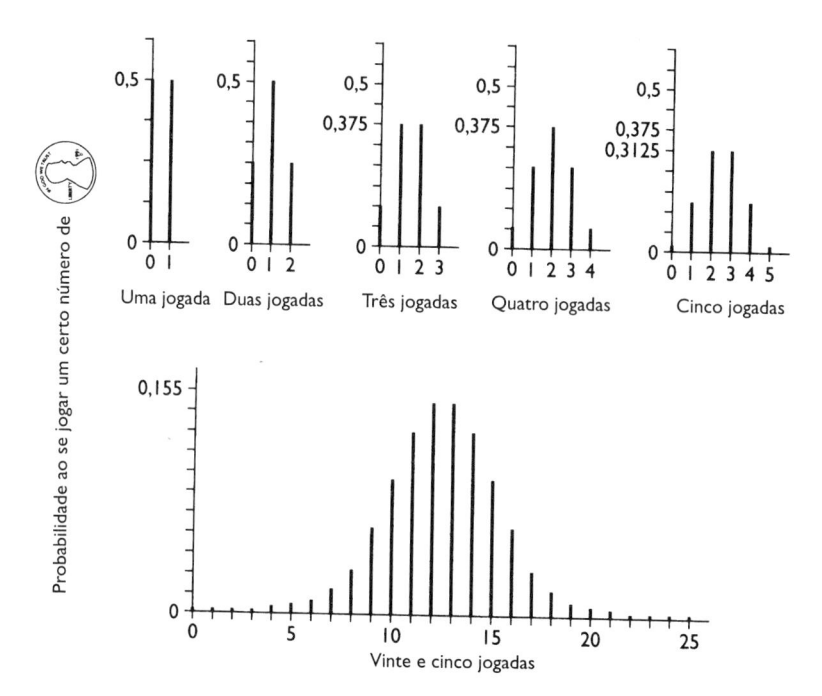

Figura 15 Gráficos de probabilidade para o número total de caras que se manifestava quando uma moeda é jogada uma, duas, três, quatro, cinco e vinte e cinco vezes.

dades não são tão grandes para qualquer resultado isolado e, portanto, os picos não são tão altos. Se considerarmos ainda mais jogadas, esse padrão continuará. Conseqüentemente, cada vez mais resultados serão possíveis, e mesmo o pico mais alto não será muito alto. Com vinte e cinco jogadas, o pico mais alto indica uma probabilidade de menos de 0,155.

Embora na época de De Moivre já se soubesse calcular essas probabilidades, os cálculos se revelavam bastante cansativos quando realizados à mão. De Moivre descobriu que uma aproximação muito boa dessas probabilidades poderia ser obtida usando-se um método totalmente diferente – com o cálculo de áreas abaixo daquilo que agora é conhecido como a curva normal. De Moivre merece crédito por ter descoberto a primeira fórmula da curva normal, apesar de tê-la desenvolvido como uma forma de estimar probabilidades discretas e não como uma forma de lidar com erros de medições[18].

Vejamos agora mais um exemplo que irá ressaltar a ligação entre o trabalho de De Moivre e a descoberta de Laplace sobre a probabilidade de os resultados serem normalmente distribuídos à medida que aumenta o número de observações. Quando se joga um dado, as probabilidades dos seis resultados (de 1 a 6) são eqüiprováveis, e o gráfico de barras dessas probabilidades mostra picos de altura uniforme (ver Figura 16). Quan-

▼
18. K. Pearson, 1924; H. Walker, 1929.

do se jogam dois dados, o gráfico das probabilidades das onze somas (de 2 a 12) mostra picos que formam a figura de um triângulo. Ao se jogarem três dados, as dezesseis somas possíveis vão de 3 a 18, e o desenho geral formado pelas barras volta a mudar. A cada aumento do número de dados, a escala vertical (a probabilidade) torna-se menor enquanto a escala horizontal (as somas possíveis) se alarga. Jogando-se quatro dados, são possíveis 21 somas (de 4 a 24) e o formato da distribuição das somas começa a se assemelhar à conhecida curva em forma de sino.

Em 1873-1874, Sir Francis Galton (primo de Charles Darwin) projetou um dispositivo que ele mais tarde batizou de quincunx[19]. Essa máquina era um engenhoso modelo físico da teoria dos erros, a qual ele

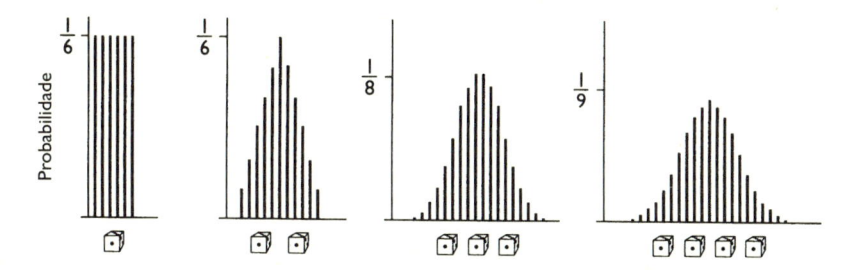

Resultados para jogadas de um, dois, três e quatro dados

Figura 16 Gráficos de probabilidades para somas resultantes de jogadas de um, dois, três e quatro dados.

▼

19. Um quincunx é uma disposição de cinco objetos nos quatro cantos de um retângulo e um no centro. Baseado no desenho encontrado numa antiga moeda romana, era um arranjo usado para o plantio de árvores. Ver Stigler, 1989.

acreditava ser aplicável a muitos fenômenos no campo da biologia e da física. Encerrada atrás de um vidro, havia uma seção transversal de um funil que se abria para uma pirâmide de pinos dispostos a intervalos iguais, com compartimentos verticais abaixo dos pinos. Ao cair pelo funil, um certo número de bolinhas se distribuiriam, à direita e à esquerda pelos espaços entre os pinos (que representavam, na teoria de Galton, as perturbações aleatórias independentes da natureza), terminando por se acumular nos compartimentos inferiores em pilhas que lembram uma curva normal (ver Figura 17). Galton chamou esse fenômeno de lei do desvio. Ele acreditava que as importantes influências que atuavam sobre uma característica herdada, tal como a altura, eram um "exército de influências perturbadoras insignificantes" (representadas pelos pinos) e que a lei do desvio genético era puramente numérica e seguia universalmente a lei genérica da distribuição normal. Dispositivos semelhantes ao quincunx podem ser vistos em museus científicos. Em alguns lugares eles são enormes, com bolas de tênis no lugar das bolinhas.

Em 1877, preparando-se para uma palestra, Galton modificou o quincunx para representar um corolário da seguinte teoria: a de que a variabilidade em características herdadas é compensada por uma reversão na média. Os dois fatores de variabilidade e reversão, quando considerados em conjunto, tendem a produzir uma geração que lembra a anterior. Para ilustrar esses

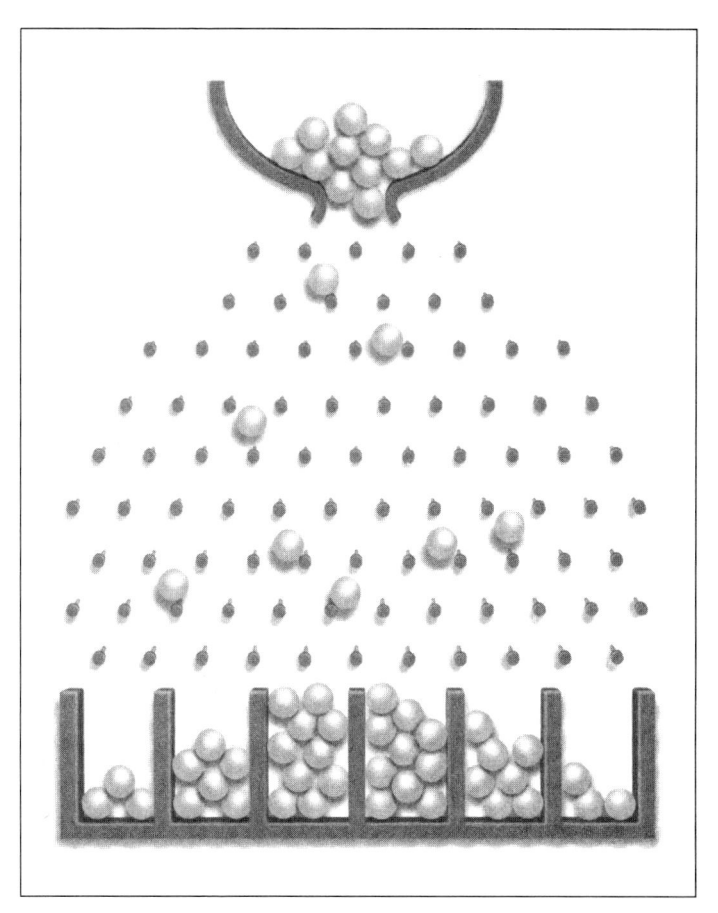

Figura 17 Primeiro quincunx de Francis Galton.

efeitos dentro das características herdadas das famílias, Galton adicionou um segundo nível ao quincunx, que representava uma geração de descendentes (ver Figura 18). Quando as bolinhas se acomodavam numa pilha semelhante a uma distribuição normal, era aberto um alçapão abaixo de um compartimento que permitia que as bolinhas continuassem a cair através de um segundo labirinto de pinos dispostos a intervalos iguais. Essas bolinhas também caíam em pequenas pilhas, lembrando uma distribuição normal. Se todos os alçapões fossem abertos, muitas pilhas pequenas seriam formadas, e a distribuição total de bolinhas seria semelhante à primeira pilha – demonstrando a forma pela qual gerações de descendentes costumam ser parecidas com a geração dos pais[20].

Durante os séculos XVII e XVIII, enquanto a teoria da probabilidade evoluía lentamente a partir dos jogos de azar e ganhava impulso entre os matemáticos cujo interesse pelos problemas de jogos de azar despertava, o campo da estatística avançava por uma linha de frente aparentemente sem relações com essas áreas – em astronomia e geodesia, em biologia e em trabalhos atuariais. Enquanto prosseguiam as aplicações da esta-

---

▼

20. *Ibid.* É interessante notar que Galton usou a expressão "desviado normalmente dos dois lados de sua própria média" (p. 513). Essa é a primeira ocorrência que encontrei do uso da palavra "normal" em referência à lei dos erros. Stigler, em 1989, acredita que Galton nunca chegou a construir de fato o segundo quincunx, mas que ele era totalmente conceitual.

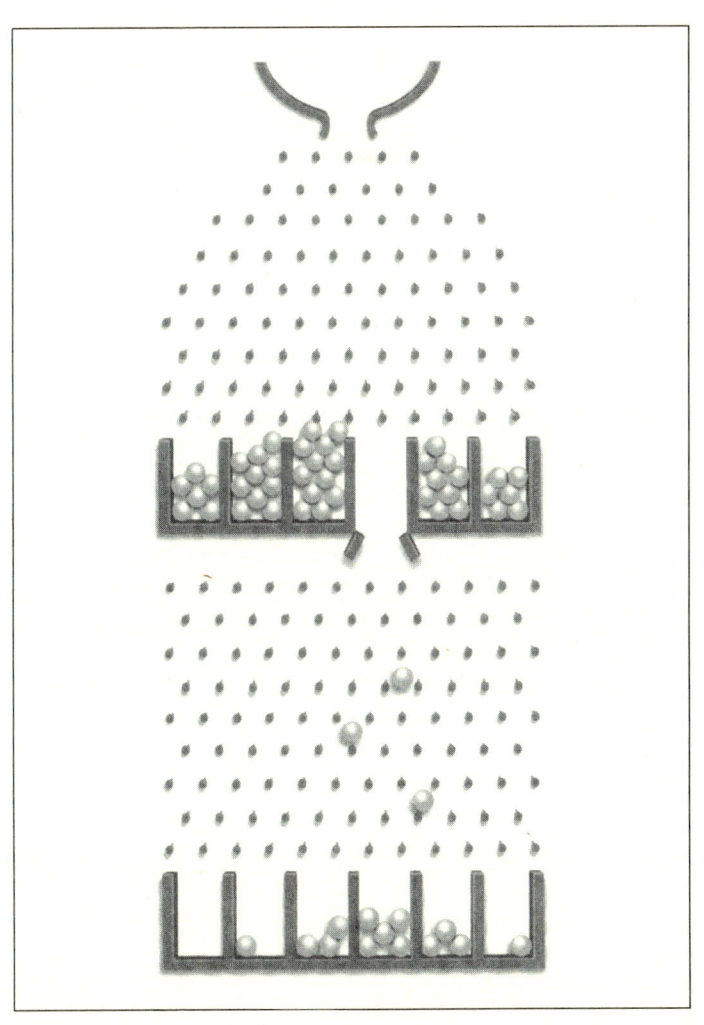

Figura 18 Quincunx de Galton de 1877.

tística ao mundo natural, os físicos e os biólogos adotaram para si a teoria dos erros dos astrônomos.

Durante o século XIX, descobriu-se que um grande número de fenômenos naturais nas ciências biológicas e na física seguiam a distribuição normal dos erros aleatórios. Se os erros na medição da posição de uma estrela eram aleatórios, também o eram os erros na medição da posição de uma molécula. Os biólogos passaram a seguir a orientação do cientista belga Adolphe Quételet, que estabeleceu que os desvios estatísticos da média nas características humanas, tais como a altura, o peso, a força etc., poderiam também ser considerados como erros.

Poucas eram as objeções ao determinismo newtoniano, ainda profundamente arraigado, um retrocesso à filosofia dos antigos gregos. Essa visão do mundo enxergava precisão, ordem, lei, projeto e necessidade no arranjo do universo e equiparava o acaso à ignorância. À medida que a teoria estatística conquistava novas áreas de aplicação no século XIX, a curva de Gauss passou a ser aplicada como se fosse – como a física newtoniana – uma lei universal.

7
ORDEM NO CAOS APARENTE

De onde nos encontramos, a chuva parece aleatória.
Se estivéssemos em algum outro lugar, enxergaríamos a sua ordem.

TONY HILLERMAN, Coyote Waits

As crianças em uma creche arredondam suas idades para a idade mais próxima: 6, 7, 5, 6, 6, 7, 6, 5, 7, 6, 5, 6..., 7. Como não há regras que possam determinar o próximo número nessa seqüência, ela poderia ser considerada semelhante ao lançamento aleatório de uma moeda. Apesar disso, as leis da probabilidade ensinam que a distribuição das somas ou médias de amostras escolhidas ao acaso a partir de uma grande seqüência como essa tendem a formar o sino familiar de Gauss. A idéia de que uma seqüência tão assistemática e não determinista possa levar a resultados previsíveis é muito forte. Com efeito, no século posterior à descoberta do Teorema do Limite Central por Laplace e Gauss, os cientistas começaram a usar (às vezes equivocadamente) essa idéia, levando os resultados a uma grande variedade de campos.

A grande força da descoberta de Laplace e Gauss é que podem ser extraídas inferências de dados, mas somente se os dados forem *comparados a* alguma coisa – e essa "alguma coisa" geralmente é o comportamento de dados aleatórios. A única forma pela qual podemos avaliar legitimamente ou comparar o valor de uma amostra estatística observada, como uma média ou uma soma, dentro da distribuição amostral hipotética é por meio da seleção aleatória de uma amostra.

Quando Laplace tentou projetar o número anual de nascimentos na França a partir de uma amostra de dados, ele aparentemente não dispunha de nenhum conceito de amostra aleatória, embora afirmasse que seus dados tinham sido escolhidos para "mostrar o resultado genérico independentemente das circunstâncias locais". Laplace e muitos outros depois dele costumavam tratar seus dados como se todos os dados tivessem as características de eventos aleatórios. A aleatoriedade de suas amostras era meramente presumida. Embora a base do Teorema do Limite Central seja que as observações devem ser feitas aleatoriamente, esse aspecto foi amplamente ignorado na prática – não só por aqueles que aplicavam a teoria da probabilidade e estatística mas também por aqueles que tentavam expandir e estender a teoria. Até o final da década de 1920, a maioria dos fomentadores da teoria estatística parecia disposta a usar quaisquer dados que estivessem à mão no momento – supondo simplesmente que um conjunto de dados fosse uma fatia aleatória de uma população maior. Aparentemente eles não percebiam que, mesmo que os *erros* fossem independentes e aleatórios, nem todos os dados o eram[1].

À medida que se desenvolvia o moderno campo matemático da estatística, a maioria dos cientistas naturais e sociais continuou a aplicar princípios estatísticos a qualquer grande quantidade de dados que estivesse à disposição. Muitos eram cépticos em relação à amostragem aleatória, talvez por não entenderem plenamente que ela pode ser benéfica, não prejudicial quando usada para dedução. Alguns, porém, começaram o que acabaria sendo um procedimento padrão em experimentação estatística – a amostragem aleatória ou a geração de dados aleatórios. As experiências começaram com dados, contadores e tiras de papel – às vezes para sugerir ou confirmar uma nova teoria, outras vezes para ilustrar para colegas uma teoria existente e, às vezes, para ensinar conceitos estatísticos a uma platéia maior.

Foram relativamente poucos os fomentadores da teoria estatística a usar amostras aleatórias. Um deles foi Gustav Theodor Fechner, que iniciou seu trabalho sobre probabilidade e estatística na Alemanha logo de-

---

▼

1. Laplace, 1814 (p. 66). Citado em Stigler, 1986. Ver também Kruskal e Mosteller, 1980; Kendall, 1941.

pois de 1852[2]. Descrito como fundador da psicofísica e primeiro indeterminista universal, Fechner desenvolveu testes em que a variação devido a outros fatores que não o acaso poderia ser detectada comparando-se os dados em estudo com uma seqüência aleatória.

Para gerar uma seqüência aleatória, Fechner obteve os números de dez sorteios de loteria da Saxônia entre 1843 e 1852 (32.000-34.000 números de cada), e ele informa que esses dígitos foram usados na ordem em que foram sorteados. Com essas seqüências de loteria, ele compara dados meteorológicos, dados de nascimentos, mortes e suicídios em diferentes estações, nascimentos de homens e mulheres e a quantidade de tempestades em diversas localidades, para determinar se as flutuações nesses conjuntos de dados deveriam ser creditadas a alguma circunstância local ou atribuídas somente ao acaso[3].

No caso dos dados meteorológicos, Fechner concluiu que certos padrões de tempo eram, de fato, dependentes dos dados que os precediam e que portanto as leis do acaso eram "perturbadas" pelas leis da natureza. O trabalho de Fechner foi excepcional, apesar de ter recebido pouca atenção até cerca de 1908, quando o mundo finalmente ficou pronto para seus aspectos indeterministas.

▼
2. O trabalho de Fechner culminou com o manuscrito *Kollektivmasslehre,* que era uma teoria da distribuição de freqüências. De acordo com Michael Heidelberger, 1987 (p. 139), que elucidou esse trabalho, Fechner deu origem ao conceito de "objeto coletivo", definindo um coletivo como uma seqüência de amostras, cada uma variando aleatoriamente de acordo com o acaso, independentemente de qualquer lei da natureza.
3. Heidelberger, 1987 (pp. 136, 141).

Outro exemplo datado do século XIX do uso de amostras escolhidas aleatoriamente para estudo da teoria da distribuição é o trabalho de 1876 do norte-americano Erastus L. DeForest. DeForest trabalhava para uma companhia de seguros e muitas de suas análises estatísticas foram conduzidas no campo atuarial. Na tentativa de confirmar se certas fórmulas algébricas (funções) eram capazes de modelar uma curva de mortalidade, DeForest criou um método de ajuste dos dados que levava em conta erros de observação. No processo de teste desse método, ele executou a primeira simulação conhecida ao utilizar o que chamaríamos hoje de dados aleatórios artificiais[4].

DeForest criou um método minucioso do tipo de uma loteria para obter dados que representassem erros aleatórios. Ele transcrevia 100 valores de uma tabela de curva normal (em probabilidades igualmente espaçadas) e copiava esses valores em pedaços de cartolina de tamanhos iguais. Eles eram então misturados numa caixa, retirados um a um e copiados na ordem exata em que eram sorteados. Os pedaços de cartolina voltavam para a caixa, eram misturados, sorteados novamente e copiados. Essa simulação era repetida várias vezes. As médias dos erros esperados em amostras de vários tamanhos eram então comparadas com as médias dos erros observados quando sua fórmula era usada. Entre-

---
4. DeForest, 1876; Stigler, 1978, 1991.

tanto, o trabalho de DeForest não foi amplamente divulgado entre os estatísticos do seu tempo, e seus esforços para garantir a aleatoriedade na aplicação das teorias das probabilidades e da estatística foram quase totalmente ignorados.

Além de Fechner e DeForest, alguns outros tentaram gerar amostras aleatórias ocasionalmente. Em 1877 George Darwin, filho de Charles Darwin e primo de Francis Galton, inventou uma roleta para gerar "erros" com o intuito de corrigir dados meteorológicos. O próprio Galton criaria em 1890 um conjunto de três dados que geraria valores aleatórios a partir de uma distribuição normal. Galton mencionou que seu método poderia ser usado quando os estatísticos quisessem testar o valor prático de algum processo como, por exemplo, o ajuste ou a "suavização" de dados[5]. Em 1883-1884 Charles S. Peirce e Joseph Jastrow introduziram um elemento aleatório no seu plano para uma experiência psicológica sobre a percepção de sensações. Uma carta escolhida por um operador em um baralho embaralhado determinaria se ele deveria diminuir ou aumentar o estímulo aplicado ao sujeito da experiência. Peirce e Jastrow ressaltaram que, com a escolha de uma carta aleatória para determinar esse aspecto da experiência, a decisão era retirada da alçada do operador. Sua opinião era de que isso

▼
5. Galton, 1890b. Ver também Stigler, 1978, 1980.

impediria qualquer parcialidade por parte do operador ou do sujeito[6].

Uma das primeiras experiências com amostragem aleatória na literatura da estatística foi atribuída a Francis Ysidro Edgeworth em 1885[7]. O trabalho de Edgeworth consistiu numa série de testes estatísticos para verificar se a diferença entre duas médias é acidental ou não – ou seja, se a diferença entre duas médias é devida à aleatoriedade ou é indicativa de algum padrão. Usando amostras que, segundo os estritos padrões atuais, não se classificariam necessariamente como aleatórias, ele comparou a altura média da população total com a dos criminosos e depois com a dos loucos; a altura média de rapazes de cidadezinhas de classe média alta com a dos rapazes de pequenas cidades industriais; a altura média de alunos das escolas da elite com a de rapazes das vilas de artesãos; a altura média de homens de 25 a 29 anos de idade com a de homens de 30 a 40 anos; e a altura média de membros da Royal Society com a de membros da sociedade "100 Sheffield". Em cada um desses exemplos, Edgeworth determinou que as diferenças observadas nas alturas médias não eram acidentais, mas indicavam diferenças que ele considerava "significantes" ou "relevantes". Com efeito, atual-

▼
6. Peirce e Jastrow, 1884.
7. E. Pearson, 1967 (p. 344). Edgeworth, 1885a, alega ter computado 280 somas de 10 dígitos escolhidos ao acaso a partir de tabelas estatísticas ou matemáticas, mas não dá maiores explicações.

mente chamamos de *teste de significância* um teste para determinar se uma diferença entre duas médias é significante ou conseqüência do mero acaso.

Em outra série de testes de significância, Edgeworth comparou a proporção de nascimentos de mulheres com os nascimentos de homens. Essas comparações foram realizadas com base na idade e ocupação dos pais, ano e estação do nascimento. Ele concluiu que as variações na proporção dos sexos decorrentes da idade dos pais, da sua ocupação e do seu ano de nascimento não eram nada surpreendentes – de fato, seus testes estatísticos indicaram que poderiam ser resultado do acaso. A estação e o local do nascimento eram, entretanto, fatores que pareciam alterar significativamente as variações na proporção entre os sexos.

Edgeworth examinou também as taxas de mortalidade dos homens ingleses. Ele comparou a taxa de mortalidade de homens de diferentes profissões, a taxa de mortalidade de alcoólatras com a da população total e a taxa de mortalidade na Inglaterra ao longo de diversos períodos de tempo. Seus testes confirmaram que, ao passo que as diferenças na taxa de mortalidade de alcoólatras e de pessoas de diferentes profissões eram significativas, não havia diferença significativa nas taxas de mortalidade ao longo de vários períodos de tempo. Apesar de Edgeworth não ter feito um grande esforço para se certificar de que suas amostragens eram aleatórias, ele afirmou que, no caso dos dados de mortalidade, "concluiu-se que as mortes em certas faixas etárias flutuavam, como já mencionei, e eram distribuídas como condenáveis sorteios ao acaso efetuados através de uma urna"[8].

Edgeworth continuou seus testes estatísticos examinando as diferenças médias nas falências em diferentes trimestres do ano (os testes demonstraram que as diferenças eram significativas), as diferenças médias no valor trimestral de letras de câmbio (as diferenças não eram significativas), a diferença no número médio de vespas que entravam ou saíam do vespeiro em diferentes horas do dia (as diferenças eram "insignificantes"; atualmente, um estatístico usaria o termo "não significante") e as diferenças na média de freqüência de um clube social de Londres em diferentes dias da semana (as diferenças eram "relevantes"). Em todas essas amostras, Edgeworth simplesmente pressupôs que suas amostras fossem aleatórias porque não havia nenhuma parcialidade aparente na forma como os dados eram colhidos. Hoje sabemos que essa suposição não é uma precaução suficiente.

Num último exemplo, Edgeworth projetou um teste para distinguir o estilo de Virgílio por diferenças no número médio de dáctilos no hexâmetro. Utilizando amostras de versos da *Eneida*, ele realizou testes para confirmar passagens que eram coerentes sob o ponto de vista do estilo e para distinguir o hexâmetro de Virgílio

▼
8. Edgeworth, 1885a (p. 205).

do de Ovídio. Num segundo trabalho, publicado em 1885, Edgeworth indicou que as amostras de hexâmetros da *Eneida* foram selecionadas por meio do uso dos números de uma página de taxas de mortalidade. Pode ser essa a primeira menção ao uso de uma tabela de números aleatórios[9].

Edgeworth talvez estivesse mais voltado para a elucidação da teoria estatística e para a demonstração de sua larga aplicabilidade do que para a realização de grandes avanços na teoria em si. E, de fato, uma de suas contribuições extraordinárias foi mostrar ao público que a teoria da estatística poderia ser aplicada aos fenômenos econômicos e sociais, o que ultrapassava em muito suas aplicações anteriores.

Em 1905 Walter F. R. Weldon, um zoólogo da Universidade de Cambridge, proferiu uma série de palestras com a intenção de demonstrar como as leis da probabilidade poderiam ser aplicadas à teoria darwiniana da seleção natural em fatores hereditários de plantas e animais. Nessas palestras ele recorreu a uma grande quantidade de elementos de experiências com jogos de dados que vinha realizando havia muitos anos com sua mulher[10]. Em sua experiência inaugural, Weldon demonstrou a precisão com que resultados experimentais, como os provenientes de jogadas de dados, poderiam

▼
9. Edgeworth, 1885b (p. 637).
10. Weldon, 1906.

ser previstos pelas leis da probabilidade. Em três conjuntos independentes de 4096 jogadas com doze dados, Weldon comparou a distribuição do número de dados com quatro pontos ou mais com os resultados previstos pelas leis da probabilidade. A probabilidade de quatro pontos ou mais em uma só jogada é a mesma que a probabilidade de três pontos ou menos, 0,5.

Por que 4.096 jogadas? Esse é o menor número de jogadas com doze dados no qual podemos esperar que todos os resultados possíveis, por mais raros que sejam, ocorram pelo menos uma vez. Em 4.096 jogadas com doze dados, por exemplo, podemos esperar (matematicamente) uma jogada com todos os doze dados manifestando quatro pontos ou mais.

Nessa experiência, Weldon não usou 0,5 para computar a probabilidade de, jogando um único dado, obter quatro pontos ou mais. Ele alegou que, como nenhum dado é simétrico, havia baseado a probabilidade de acerto em uma só jogada (0,509) nas freqüências realmente observadas na experiência.

Numa segunda experiência, Weldon ilustrou os padrões de hereditariedade entre gerações sucessivas usando a correlação entre a primeira e a segunda jogada de dados. Em hereditariedade, cada descendente recebe metade de suas características do pai e a outra metade da mãe. Se o conjunto de características que a criança recebe dos pais ocorre aleatoriamente, Weldon acreditava que poderia modelar os padrões de hereditariedade de um dos pais por meio de uma experiência com dados. Numa primeira jogada com doze dados – seis pintados de vermelho e seis pintados de branco –, Weldon anotou a quantidade total de dados que deram quatro pontos ou mais. Depois, deixando os seis dados vermelhos na mesa, ele jogou os seis dados brancos uma segunda vez. Registrou novamente o número de dados que deram quatro pontos ou mais, incluindo os pontos dos seis dados vermelhos que haviam permanecido na mesa.

Um par de números (o número de dados que deram quatro pontos ou mais na primeira jogada e o número de dados que deram quatro ou mais na segunda jogada) definia uma prova na experiência. A experiência registrou 4096 provas de duas jogadas com doze dados, realizadas de forma que, a cada vez, os seis dados vermelhos deixados na mesa constituíam parte da segunda jogada. Como o número de dados que davam quatro pontos ou mais na segunda jogada *não* era independente da primeira jogada, Weldon tinha a impressão de que essa experiência com dados ilustrava a correlação entre as características herdadas de um filho e um dos seus pais.

Weldon usou esses elementos artificiais como uma ferramenta didática, pois era muito fácil para o público ver como um padrão pode se originar mesmo a partir de elementos aleatórios como os provenientes de lançamentos de dados. A Figura 19 mostra os resultados ex-

Número de dados que deram quatro pontos ou mais na 1ª jogada

2ª jogada \ 1ª jogada	0	1	2	3	4	5	6	7	8	9	10	11	12	Totais:
12														0
11							1	1	5	1		1		9
10					2	6	28	27	19	2				84
9			1	2	11	43	76	57	54	15	4			263
8			6	18	49	116	138	118	59	25	5			534
7			12	47	109	208	213	118	71	23	1			802
6		9	29	77	199	244	198	121	32	3				912
5	3	12	51	119	181	200	129	69	18	3				785
4	2	16	55	100	117	91	46	19	3					449
3	2	14	28	53	43	34	17	1						192
2		7	12	13	18	4	1	1						56
1		2	4	1	2	1								10
0														0
Totais:	0	7	60	198	430	731	948	847	536	257	71	11	0	4.096

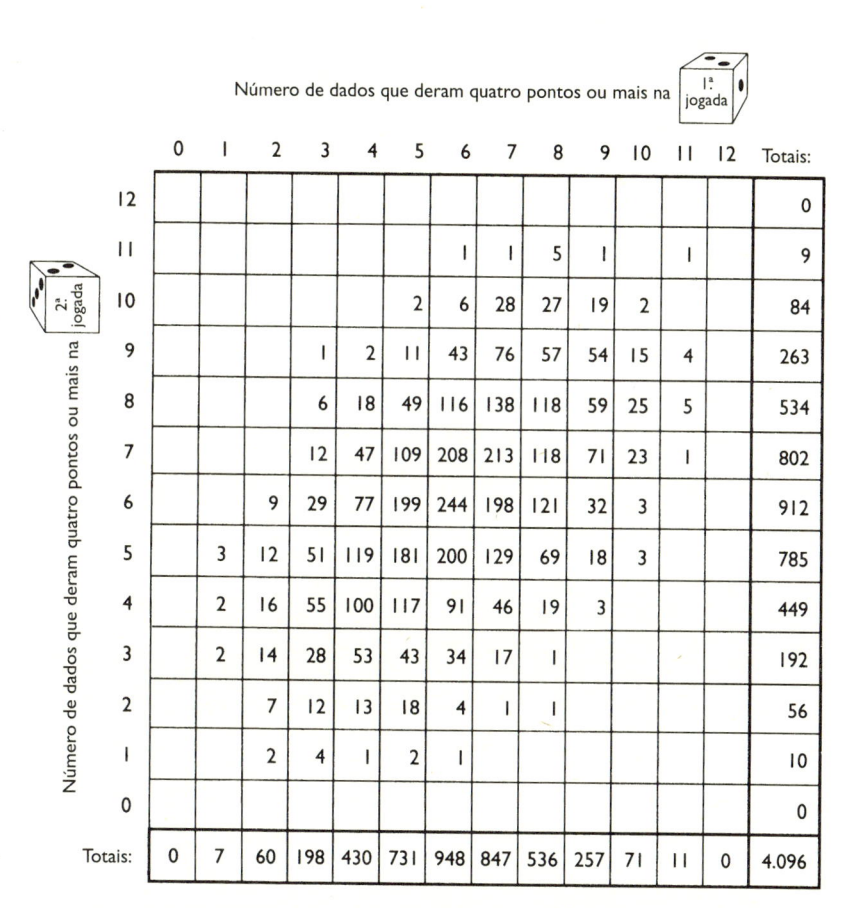

Figura 19 Experiências de jogadas de dados que ilustram a correlação entre sucessivas jogadas com doze dados, realizadas por Walter F. R. Weldon em 1905.

perimentais de Weldon. As colunas são marcadas de 0 a 12, indicando possíveis resultados da primeira jogada, e as linhas, marcadas de 12 a 0, indicam os resultados possíveis da segunda jogada. Os números nas casas da tabela representam a contagem total de cada resultado na primeira e na segunda jogada. Pode-se ver claramente o forte padrão desses dados. Quando o número de dados que deram quatro pontos ou mais na primeira jogada é pequeno, o número de dados que deram quatro pontos ou mais na segunda jogada tende a ser pequeno; quando o número de dados que deram quatro pontos ou mais na primeira jogada é grande, o número de dados que deram quatro pontos ou mais na segunda jogada tende a ser grande. Essa *correlação* dá origem ao padrão que vemos na tabela: as maiores contagens de resultados parecem agrupar-se a partir do canto inferior esquerdo da tabela até o canto superior direito.

Em 1907, A. D. Darbishire realizou uma interessante série de experiências numa "tentativa de tornar claro o fenômeno da correlação para um público ainda não familiarizado com ele"[11]. Darbishire expandiu as experiências de Weldon para ilustrar treze níveis de correlação. Da mesma forma que Weldon, Darbishire jogava doze dados e anotava o número de dados que davam quatro pontos ou mais. Alguns dos dados eram jogados de novo e, juntamente com os que haviam sido deixa-

▼
11. Darbishire, 1907 (p. 13).

dos na mesa, constituíam a segunda jogada, para a qual, novamente, o número de dados que davam quatro pontos ou mais era anotado. Como na experiência de Weldon, os números eram correlacionados, já que os dados deixados na mesa faziam parte das duas jogadas.

Darbishire explicou que um número, chamado de *coeficiente de correlação*, media o grau de correspondência entre a primeira e a segunda jogada. Enquanto a demonstração de Weldon deixava seis dados na mesa depois da primeira jogada e seis eram jogados novamente, Darbishire executava treze demonstrações diferentes de jogadas com doze dados. Em cada uma das treze experiências, após jogar os doze dados, Darbishire deixava um número diferente de dados da primeira jogada na mesa e jogava novamente os outros. Antes de começar uma experiência, ele tingia os dados que permaneceriam na mesa de uma cor diferente. A primeira experiência não deixava nenhum dado na mesa (jogavam-se todos os doze dados novamente), a segunda deixava um dado sobre a mesa (onze eram lançados novamente), e assim por diante até que, na décima terceira experiência, todos os doze dados eram deixados na mesa (e nenhum dado era lançado na segunda jogada).

Quando nenhum dado é deixado sobre a mesa e todos os dozes são jogados novamente, não há conexão entre a primeira e a segunda jogada e o coeficiente de correlação é 0. Se seis dos doze dados são deixados sobre a mesa depois da primeira jogada para constituírem parte da segunda jogada (experiência de Weldon), o coeficiente de correlação é 0,5. Se todos os doze dados constituírem a segunda jogada, as jogadas estão perfeitamente correlacionadas e o coeficiente de correlação é 1. Cada uma das experiências de Darbishire envolvia 500 anotações do número de dados que davam quatro pontos ou mais na primeira e na segunda jogada. Seus resultados estão resumidos em treze tabelas de primeiras jogadas *versus* segundas jogadas, semelhantes à tabela de Weldon, que demonstram treze graus de correlação – indo de nenhuma correlação até a correlação perfeita.

Qui-quadrado e distribuição-t

Um dos primeiros estatísticos britânicos mais influentes foi Karl Pearson, colega de Edgeworth e discípulo de Galton. Pearson construiu um dispositivo similar ao quincunx de Galton já em 1895, mas aparentemente não efetuou nenhuma experiência de amostragem aleatória antes de 1900. Nesse ano, ele publicou seu influente teste de qualidade de ajustamento do qui-quadrado – um teste estatístico no qual um conjunto de dados pode ser examinado para confirmar até que ponto sua distribuição realmente se ajusta à distribuição que se acredita que ele tenha. O teste de Pearson permitia que qualquer conjunto de dados fosse comparado com uma distribuição hipotética para determinar sua qualidade de ajustamento àquela distribuição. Ele notou que, se o desvio em relação à distribuição hipotética for pequeno, "é razoável supor que ele tenha derivado de amostragem aleatória"[12].

Para ilustrar seu novo método do qui-quadrado, Pearson demonstrou que as rodadas de roleta que ocorreram em Monte Carlo em julho de 1892 não se assemelhavam a uma distribuição de rodadas que ocorreriam por puro acaso. Pearson disse que as probabilidades eram de no mínimo 1 bilhão em 1 contra o fato de tais resultados terem ocorrido como resultado aleatório de uma roleta honesta. Em outras palavras, era bem provável que a roleta estivesse viciada.

Em outra demonstração, Pearson comparou 26.306 jogadas de 12 dados com a distribuição esperada se os dados fossem honestos e os resultados realmente aleatórios. Os dados usados nos testes eram o número de dados que dariam um 5 ou um 6 em cada jogada. Pearson concluiu que a probabilidade de que os resultados fossem produzidos pelo acaso era extremamente remota: os dados mostravam muito mais 5 e 6 do que se encontraria numa experiência aleatória. Pearson obteve seus resultados das jogadas de dados de Walter F. R. Weldon. Se os dados de Weldon eram de fato não aleatórios, isso poderia decorrer da tendência existente em

---

▼

12. K. Pearson, 1895. Seu filho, Egon S. Pearson, 1965, afirmou que o dispositivo foi possivelmente construído para as conferências sobre probabilidade proferidas por Karl Pearson em 1893 no Gresham College. Ver K. Pearson, 1900 (p. 157).

todas as observações, científicas ou não, de se ver com maior freqüência o que se está procurando (nesse caso 5 e 6) do que a ocorrência real.

Weldon, que deve ter sentido que essa conclusão punha em descrédito o enorme cuidado e precisão com que havia realizado suas experiências de lançamento de dados, sugeriu que Pearson não deveria usar a probabilidade teórica de um 5 ou um 6 darem em uma jogada de um dado (probabilidade = $1/3$), e sim a freqüência relativa realmente observada na experiência: 0,3377, já que os dados poderiam não ser simétricos. Como uma concessão a Weldon, Pearson realizou seu teste de qualidade de ajustamento usando 0,3377 e concluiu que os dados de Weldon *eram* coerentes com uma experiência aleatória na qual a probabilidade de aparecer um 5 ou um 6 fosse de 0,3377, mas não com uma em que todos os lados do dado tivessem probabilidades iguais. Uma nota de rodapé interessante para esse episódio é que Pearson inadvertidamente errou um pouco a favor de Weldon ao realizar seu segundo teste.

Como mais um exemplo de seu novo teste de qualidade de ajustamento, Pearson testou vários conjuntos de dados que aparentavam exibir uma distribuição normal. A maioria desses dados não passou no teste. Um conjunto de dados desenvolvido por ele mesmo – erros na bisseção de 500 comprimentos a olho – apresentou conformidade com a lei normal. Ele concluiu "que a curva normal não possui ajuste especial para descrever erros ou desvios como os que surgem na prática da observação ou na natureza"[13].

Em seu influente artigo datado de 1900, Pearson criticou severamente os cientistas do passado por agirem a partir da suposição de que estavam lidando com dados distribuídos normalmente, sem obterem uma verificação científica desse pressuposto. De acordo com Pearson, a teoria dos erros, ou da distribuição normal, *não* era uma lei universal da natureza. De fato, pouquíssimas amostras consideradas normais comprovaram ter uma distribuição normal quando foi aplicado seu teste de qualidade de ajustamento. Mesmo os lançamentos de dados, como ele demonstrou, podem não ser aleatórios.

Os estatísticos britânicos, companheiros de Pearson em University College, devem ter levado sua mensagem a sério. Eles não se dispuseram mais a usar simplesmente amostras consideradas normais ou consideradas aleatórias, e começaram a criar suas próprias amostras aleatórias.

A demonstração inicial mais conhecida de uma experiência com amostragem aleatória foi realizada por William Sealy Gosset, um pesquisador químico que trabalhava para a Arthur Guinness Son and Company Ltd. de Dublin[14]. Gosset estava estudando a relação

---
13. K. Pearson, 1900 (p. 174).
14. Gosset tinha passado parte do ano de 1906-1907 no Biometric Laboratory em Londres, como "aluno" do professor Karl Pearson. Ver E. Pearson, 1967.

entre a qualidade da cerveja Guinness e vários fatores envolvidos na produção da cerveja. A cervejaria realizava experiências contínuas com as condições do solo e as variedades de cereais que poderiam melhorar o resultado da safra, e a intenção de Gosset era trazer todos os benefícios da estatística para as experiências agrícolas da cervejaria.

Como a maior parte da terra era destinada à produção de lúpulo, as experiências tinham de ser realizadas em pequena escala. Conseqüentemente, as amostras de Gosset resumiam-se a pequenos conjuntos de dados – muitas vezes limitados a oito ou dez observações. Até essa época, a maioria dos resultados em estatística era aplicável a grandes amostras de dados, mas não era válida para pequenas amostras, a menos que houvesse um bom conhecimento a respeito da população da qual as amostras eram retiradas. Gosset descobriu que precisava de estatísticas que fossem válidas mesmo quando a população não era bem conhecida e só se pudessem obter pequenas amostras. Gosset sentia que outros, como ele, que estavam realizando pesquisas em larga escala nas áreas de química, biologia e agricultura sob as restrições de amostras pequenas, poderiam também achar seus resultados úteis. Entretanto, consciente de que a Guinness não permitiria que seus funcionários publicassem estudos por temer que os segredos da companhia fossem divulgados entre a concorrência, Gosset publicou seus trabalhos sob o pseudônimo de Student.

Em conseqüência disso, sua descoberta estatística, a distribuição-t, ficou conhecida como o t de Student.

O trabalho mais conhecido de Gosset, escrito em 1908, descrevia o t de Student, que é definido como a *distribuição das médias em pequenas amostras*[15]. Como os métodos existentes para analisar as médias (principalmente a curva normal e o Teorema do Limite Central) se aplicavam somente a grandes amostras, um dos objetivos desse trabalho era definir "grande". Uma segunda meta era produzir um método estatístico que pudesse ser usado por pesquisadores que precisassem confiar somente em pequenas amostras de populações normais sobre as quais pouco se conhecia.

Para examinar a distribuição de médias em pequenas amostras aleatórias, Gosset criou 750 amostras aleatórias, com cada amostra contendo quatro medidas. Obviamente Gosset não podia usar nenhum dos dados agrícolas secretos da Guinness, e os dados usados por ele foram bastante estranhos: a altura e o comprimento dos dedos de criminosos![16] Suas amostras foram criadas com o registro da altura e do comprimento do dedo médio da mão esquerda de 3000 criminosos em cartões de cartolina, que foram meticulosamente embaralhados, sendo sorteadas 750 amostras de 4 medidas

▼
15. Student, 1908a.
16. Gosset precisava de dados que fossem correlacionados e apresentassem uma distribuição normal aproximada. Em trabalho escrito em 1890, Galton havia afirmado: "Assim, podemos dizer que o comprimento do dedo médio e a estatura são correlacionados, partindo-se do reconhecimento de que as variações são quase normais." Ver Galton, 1890a (p. 84).

cada. A partir dessa experiência com o comprimento dos dedos de criminosos, Gosset realizou um progresso importante para a aplicação da estatística a áreas das quais se tinha um conhecimento limitado a respeito da população sob investigação.

Ao se aplicar o Teorema do Limite Central a médias de grandes amostragens uniformes, um valor necessário aos cálculos é o *desvio padrão*, que mede a variabilidade da população em estudo. Gosset descobriu a distribuição para médias de amostras quando o desvio padrão derivava da própria amostra, e não da população total. Assim, a distribuição-t de Student podia ser usada nos casos em que o desvio padrão da população total era desconhecido e mesmo quando o número de amostras era muito pequeno.

A Figura 20 apresenta um gráfico da distribuição-t de Student em comparação com a curva normal para médias de amostras retiradas de amostras do tamanho 10. Em ambos os casos, as probabilidades são medidas pelo cálculo das áreas sob as curvas. Observe a similaridade entre a curva normal e a distribuição-t de Student. O eixo horizontal é medido em desvios em relação à média. Se disponível, essa unidade é calculada utilizando-se o tamanho do desvio padrão da população, e a média das amostras seguirá a distribuição normal. Se o desvio padrão da população não estiver disponível, o desvio padrão deve ser calculado a partir da própria amostra. Como as amostras pequenas são ex-

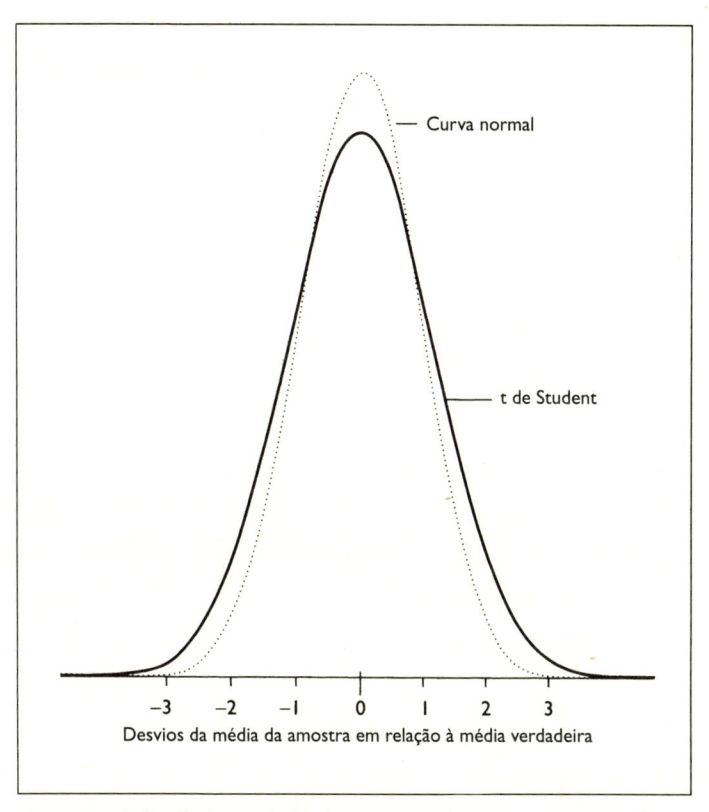

Figura 20 A distribuição-t de Student comparada com a curva normal.

tremamente variáveis, quando essa estatística é utilizada em testes estatísticos que pressuponham uma distribuição normal, os resultados podem ser enganosos e as conclusões, exageradas e injustificadas.

Gosset descobriu que as médias de amostras pequenas seguiam mais de perto o padrão da sua distribuição-t que o da distribuição normal. Para um leigo, essas curvas podem parecer muito semelhantes e, de fato, quanto maior for a amostra, maior será a semelhança entre as duas curvas. Entretanto, quando o tamanho da amostra é pequeno, as diferenças adquirem uma importância crucial para se chegar a conclusões estatísticas precisas.

Em outro artigo na mesma publicação, Gosset continua a investigar a correlação em pequenas amostras usando a altura e o comprimento do dedo de criminosos. Gosset afirma querer "lançar alguma luz por métodos empíricos" sobre a dificuldade de se usar um coeficiente de correlação derivado de pequenas amostras. Seus resultados são inconclusivos, e ele diz ter apresentado os resultados para que algum matemático interessado possa vir a resolver o problema[17].

Gosset exerceu notável influência, como se pode perceber pelo trabalho de J. W. Bispham (naquela época capitão J. W. Bispham), para dar apenas um exemplo. Bispham iniciou, em 1914, uma investigação sobre correlação em pequenas amostras, mas deixou-a

▼
17. Student, 1908b.

de lado em virtude da Primeira Guerra Mundial. Ele acabou relatando suas conclusões em 1920 e 1923, destacando que suas investigações experimentais com amostras pequenas foram realizadas para examinar correlações em índices como os usados para estudar taxas de mortalidade. Suas conclusões indicam que não resulta nenhuma diferença significativa quando se usar uma estatística alternativa no lugar do coeficiente de correlação em pequenas amostras uniformes.

Mais interessante que suas conclusões foi o extraordinário trabalho necessário para criar as amostras aleatórias para suas experiências. Bispham obteve seus dados fazendo com que crianças em idade escolar sorteassem aleatoriamente discos de osso numerados ou "fichas" de um recipiente. Em seu primeiro estudo as crianças fizeram três sorteios de 30 fichas 1.000 vezes seguidas. No segundo estudo, foram sorteadas e somadas 10 fichas 3.000 vezes; 30 fichas foram sorteadas e somadas 6.000 vezes, e 60 fichas foram sorteadas e somadas 3.000 vezes.

"O trabalho aritmético preliminar foi extremamente laborioso. Implicou o manuseio de 'fichas' individuais em torno de meio milhão de vezes e sua subseqüente soma em grupos de dez, trinta ou sessenta"[18],

---

18. Bispham, 1923 (p. 693). As duas experiências de Bispham foram projetadas para investigar a dispersão dos coeficientes de correlação parcial em amostras (de tamanho 30) de uma população não correlacionada e em amostras (de tamanho 10, 30 e 60) de uma população altamente correlacionada. No primeiro estudo, os sorteios eram independentes (e teoricamente não correlacionados) e no segundo as somas não eram independentes (e portanto teoricamente correlacionadas).

observou Bispham. Criar amostras aleatórias genuínas para experimentação parecia estar se tornando uma atividade bastante trabalhosa. Era óbvia a necessidade de criar um novo método para gerar amostras aleatórias.

No início do século XX, a experimentação estatística já havia sido aceita e adquirido *status* em grande parte graças aos métodos mais precisos de amostragem aleatória e à criação e ao uso de dados aleatórios artificiais. O trabalho de Gosset era muito conhecido e respeitado, e suas experiências de amostragem aleatória foram muito imitadas. Estava surgindo um espírito de experimentação e demonstração empírica, embora a tarefa de criar amostras verdadeiramente aleatórias com dados, fichas e cartões estivesse se tornando bastante trabalhosa.

Além disso, já nas primeiras décadas do século XX, a própria noção de aleatoriedade começava a mudar. Seleção aleatória já não podia mais significar seleção a esmo. Apesar de não ter uma única definição aceita, a aleatoriedade (ou a falta dela) agora podia ser medida.

8
PROCURAM-SE: NÚMEROS ALEATÓRIOS

> A geração de números aleatórios é muito importante
> para ser deixada a cargo do acaso.
>
> ROBERT R. COVEYOU

Na década de 1920, Leonard H. C. Tippett, durante a demonstração de uma nova idéia estatística, necessitou de um grande conjunto de dados aleatórios. De início, ele tentou gerar 5.000 números aleatórios misturando e sorteando pequenos cartões numerados em um saco. Esse método provou ser difícil de manejar, e a mistura dos cartões não era suficiente para garantir a aleatoriedade.

Em seguida, Tippett desenvolveu elementos para essa demonstração obtendo 40.000 dígitos "retirados ao acaso" de áreas de distritos do censo. Em seu trabalho de 1925 no qual descrevia sua pesquisa, Tippett afirmou que esses dígitos poderiam ser usados para construir amostras aleatórias para qualquer população e exprimiu sua esperança de que alguém os publicasse[1].

Como destacou Alfred Bork: "Um homem racional do século XIX consideraria o cúmulo da loucura a produção de um livro que contivesse somente números aleatórios." Apesar disso, em 1927 a Cambridge University Press realmente publicou uma tabela de 41.600 dígitos dispostos aleatoriamente por Tippett (ver Figura 21)[2]. Como afirmou o mentor de Tippett, Karl Pear-

```
0153 7051 2272 1359 3328 0014 6773 1278
6282 1805 5034 6723 3835 6978 7084 3992
7542 2529 0311 2979 0095 2647 8299 5163
7757 5430 4866 6497 4138 8144 0294 2906
4151 3879 3062 7604 8137 4575 2245 6309
0764 9357 2633 8605 2064 0736 3046 0612
4691 3656 9675 0286 6825 7823 5778 2680
4057 0762 6469 2735 5082 3852 7457 5729
5484 0770 7222 4912 0062 0609 9291 4056
0125 9592 3729 7858 5153 7200 1308 9638
5587 2698 2748 0458 0122 4721 3963 2916
7963 1937 6002 4490 5494 2817 6818 7120
8894 0546 6771 8401 1359 9935 8594 7513
9090 2972 0932 3907 6077 7374 0992 8951
7986 0132 8683 8568 2374 4215 3574 4177
```

Figura 21 Uma parte da tabela de dígitos aleatórios de Leonard H. C. Tippett de 1927. (Reproduzida com permissão da Cambridge University Press.)

▼
1. Tippett, em 1925, descreve esses dígitos como "escolhidos ao acaso" entre os dígitos do meio das áreas de distritos do relatório do censo. Em 1927, quando os dígitos foram publicados numa tabela, Karl Pearson também descreveu os dígitos como "escolhidos ao acaso" (Tippett, 1927). Nenhum dos dois cientistas descreveu com precisão que medidas foram tomadas para garantir a aleatoriedade.
2. Bork, 1967; Tippett, 1927 (pp. iii-iv).

son, no preâmbulo do livro, "dedicou-se uma enorme quantidade de trabalho nos últimos anos aos testes de várias teorias estatísticas com o auxílio de amostras aleatórias artificiais". Rejeitando a eficácia de cartões, bilhetes, bolas e dados, Pearson sustentou que os pesquisadores de estatística "que tinham de lidar com os problemas da amostragem aleatória" poderiam se beneficiar de "um único sistema de números". A tabela, que já era amplamente utilizada no Departamento de Estatística Aplicada em University College, Londres, onde Tippett estudava, tornou-se conhecida como a Tabela de Números de Amostragem Aleatória de Tippett. É a primeira tabela publicada de dígitos aleatórios.

Apenas dez anos após sua publicação, a tabela de Tippett com mais de 40.000 Números de Amostragem Aleatória já era considerada insuficiente para experiências com amostragens muito grandes. Em 1938, os matemáticos R. A. Fisher e F. Yates publicaram 15.000 dígitos aleatórios adicionais, selecionados entre a 15ª e 19ª casa decimal de expansões logarítmicas. Os dígitos eram obtidos por meio de um procedimento que compreendia dois baralhos. Em 1939, M. G. Kendall e B. Babington-Smith publicaram uma tabela com 100.000 dígitos que foram dispostos aleatoriamente por uma máquina construída a partir de um disco giratório. O disco era dividido em 10 setores; e, enquanto rodava, um dos setores era momentaneamente iluminado por uma lâmpada de néon que piscava. Em 1942, J. G.

Peatman e R. Shafer publicaram 1.600 dígitos aleatórios obtidos a partir dos sorteios do serviço de recrutamento militar[3].

Em 1949, a Interstate Commerce Commission (Comissão de Comércio Interestadual) publicou uma tabela de 105.000 dígitos aleatórios, gerados por um processo chamado *aleatorização composta*. Escrevendo em nome da ICC, H. Burke Horton afirmou que os dígitos gerados anteriormente, como os de Tippett, sofriam os mesmos desvios que os mecanismos de um estágio ou os dispositivos eletrônicos que os geravam. Numa tentativa de eliminar esses desvios, Horton demonstrou que os dígitos aleatórios poderiam ser produzidos por somas de outros dígitos aleatórios e que a composição do processo de aleatorização criava uma seqüência com menos desvios que a seqüência original[4].

▼

3. Fisher e Yates descrevem seu procedimento laborioso somente na primeira edição de *Statistical Tables for Biological, Agricultural and Medical Research*, de 1938. De acordo com Kendall e Babington-Smith, 1939a, Fisher e Yates aparentemente usaram vários testes sobre seus dados e, diante da descoberta de um excesso de 6, removeram alguns deles, substituindo-os por outros dígitos. Os próprios Kendall e Babington-Smith tinham a princípio tentado utilizar a lista telefônica de Londres como fonte de números aleatórios. Entretanto, depois de selecionar 10.000 deles com extremo cuidado para evitar qualquer tipo de desvio, concluíram que havia uma deficiência de números que terminassem em 5 e em 9. A lista telefônica seria, portanto, uma fonte insatisfatória de números aleatórios. Ver Kendall e Babington-Smith, 1938, 1939a, 1939b; Peatman e Shafer, 1942; Vickery, 1939.
4. Horton, 1948. Seu método, na verdade, envolvia produtos de números aleatórios, mas um trabalho subseqüente (Horton e Smith, 1949) provou que isso era equivalente a uma soma módulo 2 e poderia ser generalizado para qualquer base. Módulo 2 significa que cada número será substituído pelo seu resto após uma divisão por 2. Por exemplo, como 3 deixa como resto 1 quando dividido por 2, 3 é substituído por 1 (módulo 2); 4 é substituído por 0 (módulo 2); 5 é substituído por 1 (módulo 2) e assim por diante. Os dígitos da ICC foram produzidos a partir de uma seqüência de números aleatórios pela soma módulo 10 e perfurados em cartões de computador.

Tomemos, por exemplo, duas seqüências aleatórias (de zeros e uns) de mesmo comprimento nas quais cada dígito é igualmente provável, digamos 0111101100... 1 e 1011111100... 0. Vamos somá-las de acordo com as seguintes regras: 0 mais 0 igual a 0; 1 mais 0 igual a 1; 0 mais 1 igual a 1 e 1 mais 1 igual 0. Essa soma gera uma nova seqüência de zeros e uns. Em cada posição da nova seqüência, um 0 ou um 1 é eqüiprovável (das quatro somas possíveis duas levam a um 0 e duas levam a um 1). Horton alegava que essa nova seqüência, 110001000... 1, seria "mais aleatória" que qualquer uma das duas originais.

Em 1955, a RAND Corporation publicou um documento intitulado *Um milhão de dígitos aleatórios com 100.000 desvios normais*. Esse documento foi desenvolvido pela re-aleatorização de uma tabela de dígitos gerados pelos pulsos de freqüência aleatória de uma roleta eletrônica. A RAND afirmou que o motivo para a produção de tabelas tão grandes era atender às crescentes necessidades de números aleatórios para a solução de problemas por procedimentos de probabilidade experimental[5].

Tinha se tornado evidente que as tabelas de dígitos aleatórios produzidas até então não tinham tamanho suficiente para satisfazer o vasto número de aplicações que estavam surgindo. A gigantesca tabela de dígitos

---
5. RAND, 1955.

aleatórios da RAND tinha previsto a necessidade de serem as tabelas cada vez maiores à medida que fossem desenvolvidos novos métodos de modelagem e simulação. Outras fontes de dígitos aleatórios, além das tabelas publicadas, também estavam sendo consideradas, fontes que poderiam estar imediatamente disponíveis aos cientistas conforme aumentava a demanda. Um processo físico, por exemplo, como os impulsos eletrônicos de um computador ou a expansão decimal de certos números irracionais, poderia produzir uma fonte infinita de dígitos aleatórios.

Com a disponibilidade dos computadores digitais, cada vez mais números aleatórios tornavam-se necessários, não somente para amostragem, que se tornou uma parte integral de projetos experimentais, mas também em modelos que previam tendências complexas. A teoria da probabilidade estava sendo usada para modelar elementos de incerteza em previsões econômicas, teoria das decisões, teorias de inventário e filas de espera, bem como para teorias biológicas, sociológicas e físicas. Além disso, estavam sendo criados métodos probabilísticos experimentais para resolver difíceis problemas determinísticos (não probabilísticos), usando-se um procedimento conhecido como método Monte Carlo.

O método Monte Carlo fornece soluções aproximadas para problemas considerados difíceis demais para serem resolvidos diretamente. Ele resolve um problema probabilístico semelhante a um não-probabilístico por meio de tentativas experimentais. O método Monte Carlo remonta a Buffon, que em seu *Essai* de 1777 descreveu uma experiência com a probabilidade geométrica que se tornou conhecida como o "problema da agulha de Buffon". Depois de traçadas duas linhas paralelas numa superfície plana, como uma mesa, o problema de Buffon perguntava qual a probabilidade de uma agulha lançada aleatoriamente sobre a superfície cruzar uma das linhas. Em 1820, Laplace recuperou o interesse por esse problema, sugerindo que com um grande número de jogadas, seria possível estimar o valor de 2π, usando a probabilidade teórica e os resultados experimentais[6].

Não há nenhuma indicação de que Buffon ou Laplace tenham realmente tentado realizar a experiência, mas a ambos é dado o crédito da sugestão do que hoje chamaríamos de uma experiência de Monte Carlo – um método de estimar uma quantidade constante como π por meio de procedimentos probabilísticos e tentativas experimentais que compreendem resultados aleatórios[7]. O primeiro sinal de uma verdadeira investigação desse tipo surgiu quando Richard Wolf realizou a experiência de Buffon em 1850 jogando uma agulha 5.000 vezes. A essa seguiram-se várias experiências: Ambrose Smith em 1855 com 3.204 jogadas; um aluno de

▼
6. Buffon, 1777; Laplace, 1886. Ver também Maistrov, 1974; Boyer, 1968.
7. Meyer, 1956.

Augustus De Morgan, por volta de 1860, com 600 jogadas; o Capitão Fox em 1864 com 500, 530 e 590 jogadas; Mario Lazzerini em 1901 com 3.408 jogadas (usando um dispositivo mecânico para jogar a agulha); e Reina em 1925 com 2.520 jogadas. Apontou-se que suas estimativas de π são "absurdamente precisas" considerando-se o número de tentativas realizadas. Entre 1933 e 1937, A. L. Clark fez seus alunos executarem 500.000 tentativas de uma experiência para estimar π deixando bolas caírem por uma abertura circular. Ele estava convencido de que os primeiros pesquisadores decidiam segundo sua própria conveniência o momento de interromper suas experiências, dependendo de quão boas fossem suas estimativas[8].

O método Monte Carlo só começou a ser amplamente usado com o advento do computador, pois este pode simular facilmente um grande número de tentativas experimentais com resultados aleatórios. Enquanto trabalhava em Los Alamos na bomba de hidrogênio, o matemático e pioneiro da informática John von Neumann, com a colaboração de Stanislaw Ulam, implementou o método de Monte Carlo para determinar estatisticamente os muitos componentes aleatórios em cada estágio do processo de fissão[9].

▼
8. Ver Hall, 1873; Gridgeman, 1960; De Morgan, 1912; Clark, 1933, 1937. Outros indicaram que poderia ter ocorrido fraude total.
9. Segundo Rhodes, 1995, Ulam diz que teve essa idéia ao jogar paciência, enquanto se recuperava de uma doença grave. Ulam concluiu que poderia estimar o resultado do jogo após examinar seu sucesso com apenas algumas cartas de teste. No sentido original de von Neu-

PROCURAM-SE: NÚMEROS ALEATÓRIOS

Vamos supor que precisemos resolver um difícil problema de matemática, como calcular a área sob uma curva irregular. Às vezes esse tipo de problema pode ser resolvido utilizando-se o cálculo diferencial e integral; mas se o problema se mostrar impossível de resolver com a matemática superiora, ele pode ser resolvido de forma aproximada com outras técnicas, entre elas o método de Monte Carlo. Um aspecto peculiar desse método de solução de problemas é que, embora o problema exija uma solução exata – a área é fixa, não há nada de probabilístico a respeito dela – o método de Monte Carlo baseia-se na *aleatoriedade*.

Para calcular a área sob uma curva irregular, envolvemos a área com um retângulo e instruímos o computador para gerar um grande número de pontos em posições aleatórias dentro do retângulo (ver Figura 22). Contam-se então o número de pontos dentro dos limites da curva irregular e divide-se essa soma pelo número total de pontos gerados dentro do retângulo. Isso nos dá a proporção dos pontos que estão dentro da região que nos interessa. Como calcular a área total do retângulo é fácil (base × altura), multiplicar a proporção pela área total nos dará a área aproximada sob a curva irregular. Para obter maior fiabili-

▼
mann-Ulam, o método Monte Carlo era usado em modelos de situações físicas para resolver um problema determinístico (como solução para equações de integração numérica) por meio da descoberta de um análogo probabilístico e da obtenção de respostas aproximadas para o problema análogo por algum procedimento experimental de amostragem aleatória. Ver Meyer, 1956; Report on Second NBSINA Symposium, 1948.

Para calcular esta área

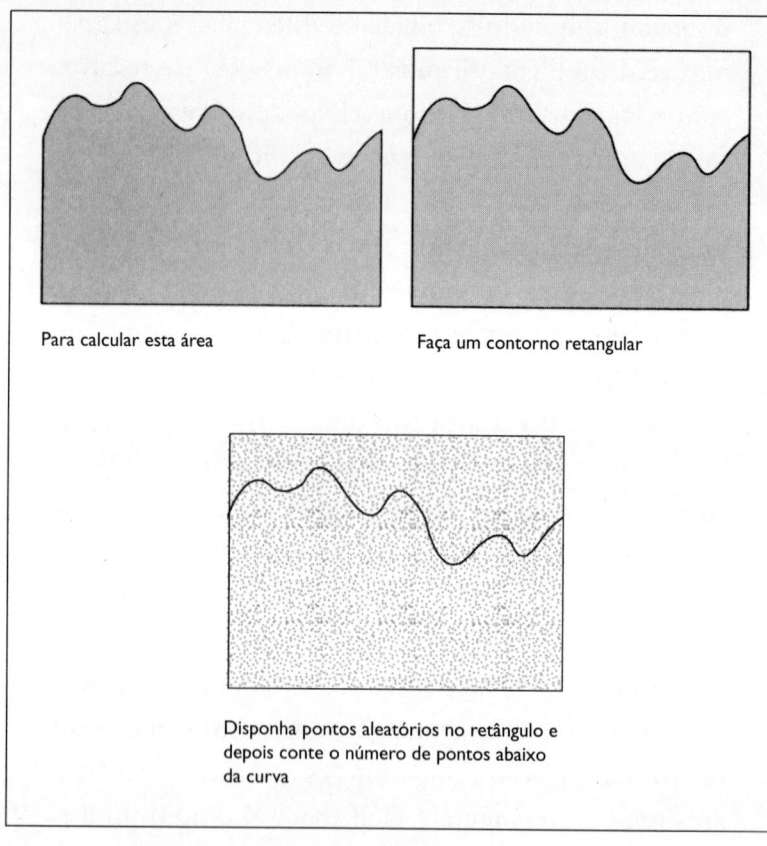

Faça um contorno retangular

Disponha pontos aleatórios no retângulo e depois conte o número de pontos abaixo da curva

figura 22 Uso do método de Monte Carlo para determinar a área sob uma curva irregular.

dade na aproximação, geramos um número maior de pontos aleatórios.

À medida que tabelas de dígitos aleatórios cada vez maiores se tornaram necessárias em modelos computacionais para resolver problemas não-probabilísticos, sem mencionar o amplo espectro de aplicações probabilísticas, o armazenamento dessas tabelas nos computadores começou a consumir muita memória. O uso de uma forma pré-programada que permitisse ao computador gerar um dígito aleatório no momento em que fosse necessário num cálculo parecia ser a solução ideal.

Em termos conceituais, a idéia de um dígito aleatório determinado aritmeticamente era tanto desejável quanto indesejável. A possibilidade de repetição das seqüências de dígitos permitia algum controle sobre a modelagem – o modelador poderia variar parâmetros específicos enquanto reproduzia exatamente o resto da simulação, usando a mesma seqüência de números aleatórios. Em outras palavras, se soubermos como conseguir uma seqüência aleatória idêntica a cada vez que a simulação for executada, podemos determinar o efeito da mudança de certos parâmetros sem nos preocuparmos com interferências decorrentes de mudanças em nossa seqüência aleatória[10]. O aspecto indesejável dos dígitos gerados por computador é a natureza determinística do processo.

---

10. Por essa razão, a geração de dígitos por um processo físico aleatório, que não pudesse ser replicado, foi considerada insatisfatória, de acordo com von Neumann, 1951.

Em qualquer seqüência gerada por computador por meio de uma fórmula ou algoritmo programado, o dígito seguinte é uma escolha completamente determinística, não aleatória no sentido em que uma jogada de dados, um disco giratório, um pulso eletrônico ou mesmo os infinitos dígitos do misterioso π são aleatórios. A própria noção de que uma fórmula determinística poderia gerar uma seqüência aleatória parecia uma contradição. Até von Neumann admitia isso, em seu comentário: "Qualquer um que leve em consideração os métodos aritméticos de produzir dígitos aleatórios está, é claro, totalmente perdido." Entretanto, este foi exatamente seu pecado quando, em 1946, ele sugeriu o uso das operações aritméticas de um computador para produzir números aleatórios[11].

E então, em 1951, von Neumann propôs um procedimento aritmético para gerar números aleatórios: um algoritmo, chamado de método do meio do quadrado, que gera grupos de n dígitos aleatórios, começando com um número do tamanho de n dígitos, elevando-o ao quadrado e retirando os n ou $n + 1$ dígitos do meio para o primeiro grupo, elevando esse número ao quadrado e retirando os n ou $n + 1$ dígitos do meio para o segundo grupo e assim por diante[12]. O número de três dígitos 123, por exemplo, quando elevado ao

▼
11. Von Neumann, 1951 (p. 768); Knuth, 1981.
12. Von Neumann, 1951.

quadrado dá 15.129. Os três dígitos do meio de 15.129 são 512. Elevando 512 ao quadrado, chegamos ao número 262.144. Os quatro dígitos do meio, 6.214, quando elevados ao quadrado, geram o número 38.613.796, cujos quatro dígitos do meio são 6.137 e assim por diante. Assim, nossa seqüência "aleatória" começa com 512|6.214|6.137.

Infelizmente, esse método foi considerado uma fonte deficiente de números aleatórios, com falhas advindas de escolhas imprudentes dos n dígitos originais. Começando com o número de quatro dígitos 3.792, por exemplo, e elevando-o ao quadrado, obtemos 14.379.264, cujos dígitos do meio são 3.792, os mesmos quatro números com que começamos![13] Iniciou-se assim a busca por algoritmos que pudessem ser codificados por computador em programas geradores de dígitos aleatórios. Os dígitos foram chamados de números pseudo-aleatórios, e as fórmulas programadas, ou algoritmos, foram chamadas de geradores de números pseudo-aleatórios – pois como poderiam números verdadeiramente aleatórios ser gerados por uma fórmula e uma máquina?

A maioria dos geradores usava uma fórmula recursiva, pela qual cada novo dígito gerado se baseava de alguma forma no dígito anterior a ele. Dado um número inicial (chamado de semente), a fórmula criava uma se-

---

13. Gardner, 1975 (p. 169); Knuth, 1981.

qüência de dígitos em ordem aparentemente aleatória. Com o tempo, a seqüência de dígitos recomeçava, e a lista começava a se repetir, ou entrar em ciclo. A extensão do ciclo, ou o número de dígitos na lista que começavam a se repetir, era chamado de período. É claro que quanto maior fosse o período, melhor. (Se precisássemos de uma grande quantidade de dígitos aleatórios, não iríamos querer os dígitos repetindo-se várias vezes na mesma ordem.)

Hoje em dia são utilizados principalmente três tipos de geradores: (1) geradores congruenciais, baseados em aritmética modular, ou restos após uma divisão, (2) geradores que usam a estrutura binária (bit) de informação armazenada no computador e (3) geradores baseados na teoria dos números[14].

Os geradores congruenciais usam a aritmética modular, ou o resto de uma divisão, como o próximo dígito em uma seqüência. O número mod 7, por exemplo, é substituído pelo resto do número depois de dividi-lo por 7. Quinze mod 7 é substituído por 1, pois quando 15 é dividido por 7 (chamado de módulo), o resto é 1; 18 mod 7 é substituído por 4, pois 4 é o resto quando 18 é dividido por 7; 30 mod 7 é substituído por 2; e assim por diante. Os primeiros geradores a utilizar esse

▼
[14]. Os geradores que usam a estrutura de bits das informações armazenadas em computador são chamados de geradores de registro de deslocamento; eles foram criticados em decorrência da sobrecarga de manipular longas séries de dígitos dentro do algoritmo. Ver Marsaglia e Zaman, 1991.

método foram propostos por D. H. Lehmer em 1949. Se Z representar um dos dígitos entre 0 e 9, então $Z_1|Z_2|Z_3|\ldots|Z_n$ representam uma seqüência de *n* dígitos. Para produzir a seqüência aleatória de dígitos $Z_1|Z_2|Z_3|\ldots|Z_n$, o gerador congruencial usa a aritmética modular e a fórmula $Z_{n+1} = aZ_n \mod m$, na qual o módulo *m* determina o comprimento máximo do período. Na realidade, *m* precisa ser um número primo muito grande para que se obtenha um gerador útil, com um período longo. Lehmer sugeriu o número 2.147.483.647 como módulo. O multiplicador *a* (para um determinado *m*) influencia o comprimento real do período, a aparente aleatoriedade da seqüência e a facilidade de implementação no computador[15].

Vejamos qual seqüência de dígitos o gerador de Lehmer produziria com 7 como módulo e 3 como multiplicador (ver Figura 23). Como estamos, para fins de ilustração, usando um número pequeno como módulo, o período será curto; não poderá ser maior que 7. Com esse módulo e esse multiplicador, nosso gerador consiste na fórmula $Z_{n+1} = 3Z_n \mod 7$. Se escolhermos

▼

15. O número 2.147.483.647 é o primo de Mersenne, $2^{31} - 1$. Park e Miller, 1988, afirmaram ser conhecido que os geradores congruenciais sofrem da deficiência de que, se os dígitos (Z_n, Z_{n+1}, Z_{n+2}) forem grafados como pontos em três dimensões, os pontos caem sobre um número finito e possivelmente pequeno de planos paralelos em vez de se distribuírem uniformemente num padrão de aparência aleatória. Isso não é problema para a maioria das aplicações; mas, se for necessário, um teste muito poderoso – o teste espectral, formulado por R. R. Coveyou e R. D. MacPherson em 1967 – consegue detectar deficiências em dimensões maiores; ver Knuth, 1981. Marsaglia e Zaman, 1991, também fizeram objeções ao alto custo do módulo aritmético de um número primo em geradores congruenciais.

127 como semente inicial, Z_0 o primeiro número aleatório, Z_1 é produzido por $Z_1 = 3(127)$ mod 7, ou 381 mod 7. Dividindo-se 381 por 7, o resto é 3. Portanto Z_1 é 3. Como a semente, Z_0, foi usada para obter Z_1, Z_1 é utilizado para obter o próximo dígito, Z_2. $Z_2 = 3(Z_1)$ mod 7 = 3(3) mod 7 = 9 mod 7, então Z_2 é igual a 2 (já que 9 dividido por 7 deixa 2 de resto). Como cada novo dígito é baseado no dígito gerado antes dele, esse tipo de fórmula é chamada de recursiva. Nossa fórmula produz a seqüência 3|2|6|4|5|1, que irá se repetir em ciclos, eternamente.

Uma nova classe de geradores teóricos de números foi desenvolvida recentemente por George Marsaglia e

$Z_0 = 127$
$Z_1 = 3Z_0$ mod 7 = 3(127) mod 7 = 381 mod 7 = 3
$Z_2 = 3Z_1$ mod 7 = 3(3) mod 7 = 9 mod 7 = 2
$Z_3 = 3Z_2$ mod 7 = 3(2) mod 7 = 6 mod 7 = 6
$Z_4 = 3Z_3$ mod 7 = 3(6) mod 7 = 18 mod 7 = 4
$Z_5 = 3Z_4$ mod 7 = 3(4) mod 7 = 12 mod 7 = 5
$Z_6 = 3Z_5$ mod 7 = 3(5) mod 7 = 15 mod 7 = 1
$Z_7 = 3Z_6$ mod 7 = 3(1) mod 7 = 3 mod 7 = 3
O ciclo recomeça.

Seqüência de dígitos: 3|2|6|4|5|1

Figura 23 Utilização de um gerador congruencial para gerar a seqüência de dígitos aleatórios 326451.

Arif Zaman. Enfatizando a simplicidade da aritmética computacional e as modestas exigências de armazenamento de seus novos geradores, esses pesquisadores acreditam que seus procedimentos de geração merecem ser considerados com seriedade para o trabalho com o método de Monte Carlo[16]. Chamados de geradores de soma com vai-um e subtração com vem-um, sua técnica baseia-se na seqüência de Fibonacci e na chamada seqüência de Fibonacci defasada, ambas denominadas a partir de Leonardo Fibonacci, um matemático italiano do século XII, que, entre outras coisas, defendeu a adoção dos algarismos arábicos.

A seqüência de Fibonacci consiste nos números 0, 1, 1, 2, 3, 5, 8, 13, 21, 34, 55 e assim por diante, na qual cada número, exceto os dois primeiros (0 e 1), é obtido pela soma dos dois números que o precedem. Um gerador de dígitos baseados nessa seqüência usaria somente os dígitos mais à direita de cada número, produzindo 0|1|1|2|3|5|8|3|1|4|5 e assim por diante[17]. Uma seqüência de Fibonacci defasada começa com dois números iniciais, ou sementes, gigantescos em vez de 0 e 1. O método de soma com vai-um de Marsaglia e Zaman é semelhante a esses com uma modificação chamada de *bit* de transporte e é tão simples que pode

▼
16. Marsaglia e Zaman, 1991, conseguiram demonstrar que seus geradores têm períodos extremamente longos, ou seja, que o ciclo de dígitos é longo. Ver Peterson, 1991b.
17. O problema óbvio com esse gerador é que um número par sempre sucede a dois ímpares (a soma de dois números ímpares é par) e um número ímpar sempre sucede a um par e um ímpar (a soma de um número par e um número ímpar é um número ímpar).

ser feito com uma calculadora portátil ou mesmo à mão. Como na adição à mão, sempre que uma soma der mais do que 9, transportamos o 1.

Como na seqüência de Fibonacci, no método de adição com vai-um, cada novo número será obtido somando-se os dois dígitos anteriores. Se a soma for 10 ou mais, usaremos somente o dígito mais à direita, e transportaremos o 1 (para ser usado na obtenção do próximo número). Assim, cada novo dígito na seqüência é formado da soma dos dois dígitos anteriores mais o 1 se ele tiver sido transportado. Por exemplo, começando com as duas sementes iniciais 0 e 1 (ver Figura 24), obtemos a mesma seqüência inicial de Fibonacci 0, 1, 1, 2, 3, 5, 8 até chegarmos ao 13. Aqui, o 3 é utilizado e o 1 é transportado. O próximo número na seqüência é obtido pela soma dos dois anteriores, 8 e 3, mais o 1 que foi transportado, 8 + 3 + 1 é igual a 12, portanto o 2 é usado e o 1 é transportado. 3 + 2 + 1 é igual a 6, que se torna o próximo dígito e (como 6 é menor que 10) nenhum número é transportado.

Como o motivo para usar um programa de computador para gerar dígitos de uma seqüência aleatória é evitar a necessidade de armazenar uma grande tabela de dígitos, do ponto de vista de um cientista da informática, quanto menor o programa, melhor. A busca ainda continua – por melhores geradores, por geradores mais rápidos e por geradores com períodos mais extensos. Como disse Donald Knuth: "Os números aleatórios

Soma dos dois dígitos anteriores + vai-um? =			soma,	dígito
0 + 1		=	1,	1
1 + 1		=	2,	2
1 + 2		=	3,	3
2 + 3		=	5,	5
3 + 5		=	8,	8
5 + 8		=	13,	3*
8 + 3	+ 1	=	12,	2*
3 + 2	+ 1	=	6,	6
2 + 6		=	8,	8
6 + 8		=	14,	4*
8 + 4	+ 1	=	13,	3*
4 + 3	+ 1	=	8,	8
3 + 8		=	11,	1*
8 + 1	+ 1	=	10,	0*

E assim por diante.

A seqüência de dígitos até aqui é 1|2|3|5|8|3|2|6|8|4|3|8|1|0.

* vai-um

Figura 24 Usando o gerador de soma com vai-um para gerar a seqüência de dígitos aleatórios 12358326843810.

não deveriam ser gerados por um método escolhido aleatoriamente."[18]

Novos usos para os dígitos aleatórios

Embora o poder do computador tenha tornado possível uma maior quantidade de números aleatórios, ele criou também um apetite insaciável por esses números. Por exemplo, os métodos de simulação com bancos de dados computadorizados para inferência estatística, chamados de técnicas de reamostragem, geraram uma gigantesca demanda de dígitos aleatórios. Um desses procedimentos de reamostragem, conhecido como *bootstrapping* [geração auto-suficiente], foi apresentado em 1979 por Bradley Efron. Analisado e refinado por estatísticos teóricos durante quinze anos, o *bootstrapping* pode vir a substituir o método tradicional de inferência, que compara uma única amostra aleatória com amostras teóricas hipotéticas. O *bootstrapping* não se apóia no conhecimento das propriedades teóricas das medidas estatísticas, mas na capacidade do computador digital de alta velocidade.

Na estatística inferencial tradicional, depois que uma medida estatística é estimada a partir de uma amostra sorteada aleatoriamente, sua fiabilidade é avaliada com base na distribuição teórica da estatística –

▼
18. Knuth, 1981 (p. 5); essa extensa pesquisa de geradores e testes tornou-se um trabalho clássico. Ver também Coveyou e MacPherson, 1967; L'Ecuyer, 1988; Park e Miller, 1988.

uma distribuição como a distribuição normal ou a distribuição-t de Student. No procedimento de *bootstrapping*, depois de uma medida estatística ser estimada a partir de uma amostra sorteada aleatoriamente, sua fiabilidade é avaliada com base em milhares de amostras reais, geradas por computador. As novas amostras, chamadas amostras de *bootstrapping*, são sorteadas a partir da amostra original única, que foi misturada; e à medida que cada item é selecionado, ele é devolvido e passível de ser escolhido novamente. A medida estatística que está sendo estimada é computada para cada amostra de *bootstrapping*, e essas servem, da mesma forma que a distribuição teórica na estatística inferencial tradicional, para avaliar a fiabilidade da estimativa original[19].

Novos procedimentos para preservar o sigilo, que têm importantes aplicações na segurança nacional e nos sistemas eletrônicos de informações, requerem muitos componentes aleatórios. Esses métodos de criptografia, chamados de chave pública, requerem a seleção aleatória de números primos de 100 ou 200 dígitos; a imprevisibilidade dos números escolhidos juntamente com o fato de que certas operações aritméticas são muito difíceis de reverter podem garantir que será extremamente difícil decifrar o código por um período razoável de tempo. Um novo método de "verificação", chamado de verificação interativa ou de conhecimento-zero, que

▼
19. Diaconis e Efron, 1983; Kolata, 1988; Peterson, 1991a; Efron e Tibshirani, 1993.

pode convencer um interlocutor de que se possui a informação sem se revelar qualquer informação, requer a seleção aleatória de uma série de perguntas pelo interlocutor. A capacidade da "verificação" de convencer o interlocutor baseia-se na probabilidade de que a informação solicitada aleatoriamente não poderia ser fornecida, a menos que toda a verificação fosse conhecida[20].

A teoria do caos, a ciência que prevê que o estado futuro da maioria dos sistemas é imprevisível em decorrência de até mesmo pequenas incertezas iniciais, reserva um novo sentido para a noção de aleatoriedade; e simular esses sistemas exige quantidades enormes de dígitos aleatórios. Demonstrou-se que, mesmo com pequenos sistemas determinísticos, os erros iniciais de observação e as perturbações minúsculas crescem exponencialmente, criando enormes problemas para a previsibilidade a longo prazo[21].

Praticamente desde o momento em que surgiu a idéia de manter estoques de dígitos aleatórios, os cientistas vêm apresentando mais e melhores formas de usá-los. Hoje, são necessários dígitos aleatórios para modelos econômicos (que prevêem quando o mercado de capitais cairá e a quanto chegará a queda) e para modelos de tráfego (que prevêem quando um automóvel chega-

▼
20. Browne, 1988; Oser, 1988; Peterson, 1988 (pp. 38-43, 214-17); Gleick, 1987a; Cipra, 1990.
21. Ford, 1983; Crutchfield *et al.*, 1986; Gleick, 1987b.

rá a um cruzamento ou quando um automóvel desrespeitará um sinal vermelho). Os modelos informatizados que simulam movimentos moleculares ou o comportamento de galáxias requerem vastas quantidades de números aleatórios.

Os computadores de alta velocidade produziram tanto uma demanda por dígitos aleatórios que pudessem estar disponíveis imediatamente quanto um método pelo qual esses dígitos poderiam ser produzidos por geradores algorítmicos. Esses geradores, se confiáveis, garantem que os dígitos foram cuidadosamente embaralhados e que cada dígito tem probabilidades iguais de ser escolhido. Ainda assim, a noção de que uma máquina e uma fórmula programada possam criar aleatoriedade deixa alguns matemáticos muito preocupados.

9

A ALEATORIEDADE COMO INCERTEZA

A longo prazo, todos estaremos mortos.

JOHN MAYNARD KEYNES, 1929

O lance inicial de um jogo de bilhar põe em movimento várias bolas coloridas, que batem umas nas outras e nas tabelas, até que finalmente todas param, no que poderia parecer um padrão aleatório. Entretanto, as leis da física podem prever a trajetória de uma bola que bate em outra ou na tabela, que rola numa mesa inclinada, que passa sobre um ponto vazio no pano da mesa, que rola quando o tempo está úmido ou sobre uma mesa empoeirada. Dadas as condições iniciais específicas e todos os fatos envolvidos, esses percursos e posições finais podem ser determinados matematicamente.

Será que isso significa que a distribuição das bolas de bilhar paradas não é aleatória? Será que um resultado aleatório pode decorrer de uma situação não aleatória? Será que a aleatoriedade é somente a incapacidade humana de reconhecer um padrão que pode na realidade existir? Ou será que a aleatoriedade depende da nossa incapacidade, em qualquer questão, de prever o resultado?

Cícero salienta que a principal característica da sorte ou do acaso é a incerteza. "Pois somente aplicamos as palavras 'acaso', 'sorte', 'acidente' ou 'casualidade' se o evento que ocorreu ou aconteceu pudesse não ter ocorrido de modo algum ou pudesse ter ocorrido de outra forma. Pois, se algo que vai acontecer pode ocorrer de uma forma ou de outra, indiferentemente, o acaso predomina; mas não se pode ter certeza daquilo que ocorre por acaso."[1]

Essa visão bastante "moderna" não era comum antes do século XX. A crença mais disseminada era de que o que chamamos de acaso era meramente uma ignorância das condições iniciais. A popularidade dessa interpretação determinística não é de surpreender se considerarmos que o estudo da variação aleatória se originou da teoria dos erros: que diferenças em observações ou medições de uma única quantidade constante, tal como a distância de uma estrela ou uma determinada distância na Terra, eram simplesmente erros. Nesses casos os cientistas usavam a média das distâncias como a distância "verdadeira", e a variação entre as medições

▼
1. Cícero, *De div.* 2.6.15, 2.9.24.

isoladas era considerada como resultado de deficiências dos medidores ou do equipamento de medição.

Quando essa visão era aplicada aos jogos de azar, considerava-se que a variação entre os lances era uma indicação da limitação do conhecimento humano. Quando aplicada aos fenômenos sociais, a noção de variação aleatória como ignorância ou erro era provavelmente mais difícil de justificar, mas os pesquisadores ainda consideravam a média das medidas como o "ideal" e as variações como desvios desse ideal.

Em seu trabalho de 1739, *A Treatise of Human Understanding* [Investigação sobre o entendimento humano], o filósofo escocês David Hume examinou o acaso a partir de uma perspectiva diferente – seu efeito sobre a mente. Ele afirmou que o acaso deixa a mente "em sua ingênua situação de indiferença". Ou seja, um conjunto de resultados eqüiprováveis produz um estado mental de indiferença entre as alternativas, e não há razão para preferir um resultado a outro[2]. A crença de que o acaso representa conhecimento insuficiente ou indiferença é às vezes chamada de definição subjetiva da aleatoriedade: de acordo com essa visão, a aleatoriedade existe somente na mente dos indivíduos, não no mundo objetivo.

A System of Logic [Um sistema de lógica], de John Stuart Mill, publicado em 1843, discordou de uma teo-

▼
2. Hume, 1739 (pp. 125, 132, 135).

ria da probabilidade baseada num equilíbrio entre ignorância e indiferença. Mill considerava estranho que a ignorância e a subjetividade pudessem ser a base de uma "ciência". Para ele, a probabilidade de um evento deveria basear-se, sim, em nosso conhecimento e nossa experiência das freqüências. E insistia: "Para ser capaz de afirmar que dois eventos são igualmente prováveis, não basta saber que um ou outro deve acontecer e que não deve existir motivo algum para conjeturas sobre qual aconteceria. A experiência deve ter demonstrado que os dois eventos têm igual freqüência de ocorrência."[3]

O lógico inglês John Venn, cujo nome foi dado ao diagrama de Venn (usado para representar conjuntos em termos pictóricos), admirou o trabalho de Mill e acrescentou que sua própria filosofia era semelhante, "tomando conhecimento das leis das coisas e não das leis de nossa própria mente ao pensar nas coisas". Ele ampliou a visão da freqüência de experiências passadas para freqüências futuras (a longo prazo) à medida que propunha a hipótese de que um processo de seleção aleatória exige que cada integrante do universo seja, a longo prazo, selecionado com a mesma freqüência. As seqüências aleatórias costumam ser aquelas cujos elementos são eqüiprováveis, e Venn assegurava que um arranjo deveria ser julgado aleatório ou não por "aquilo que temos razão de concluir que seria observado caso

---

3. Mill, 1843 (p. 71). Em edições subseqüentes, Mill voltou atrás nessa declaração precipitada.

pudéssemos continuar nossa observação por muito mais tempo"⁴.

Seguindo as mesmas linhas de pensamento, em 1896, o físico e filósofo americano, Charles Sanders Peirce, sugeriu uma definição de amostra aleatória como uma que fosse "escolhida de acordo com uma norma ou método, o qual, sendo aplicado muitas e muitas vezes indefinidamente, resultaria a longo prazo na escolha de qualquer conjunto de ocorrências com a mesma freqüência que qualquer outro conjunto de mesmo número"⁵.

Alguns filósofos, como John Maynard Keynes, rejeitavam cabalmente a teoria da freqüência, alegando que uma definição de seleção aleatória deveria ser mais útil, mais prática. Keynes objetava que "a longo prazo" exigia um conhecimento completo⁶.

Refletindo essa controvérsia, a edição de 1902 da *Encyclopaedia Britannica* apresentava as duas interpretações, a subjetiva e a da freqüência, de uma distribuição de probabilidades eqüiprováveis⁷. Uma simples jogada de uma moeda honesta ilustra a diferença entre as duas. Uma interpretação física do motivo pelo qual a

▼
4. Venn, 1866, 3ª ed. (pp. xiii, 109).
5. Peirce, 1932 (p. 726).
6. Keynes, 1929 (p. 290).
7. O autor do verbete "Lei dos Erros" não foi outro senão F. Y. Edgeworth, que afirmou: "Essa probabilidade *a priori* é, muitas vezes, embasada em nossa ignorância; de acordo com outra perspectiva, o procedimento é justificado por um conhecimento geral aproximado de que, sobre uma área de x para a qual P é sensível, um valor de x ocorre aproximadamente com a mesma freqüência que outro." Edgeworth, 1902 (p. 286).

probabilidade de dar cara é $1/2$ é que existem dois lados, a moeda não é viciada e as leis da física permitem que a moeda caia igualmente bem sobre qualquer um dos lados. Mas isso é fugir da dificuldade. Seria possível perguntar como *sabemos* que ela pode cair igualmente bem sobre qualquer um dos dois lados? De acordo com a visão subjetiva, como não sabemos qual dos dois lados vai cair com a face para cima e como somos igualmente indiferentes em relação às possibilidades, antes de lançarmos a moeda a probabilidade de cada um dos resultados é igual, $1/2$. O freqüentista, que se sente constrangido ao basear uma probabilidade matemática na ignorância ou na disposição de espírito, diria que a probabilidade é $1/2$ por ter a experiência demonstrado que, durante um longo período de tempo, a cara, tanto quanto a coroa, caiu com a face para cima aproximadamente na metade das vezes.

Na edição de 1888 de *Logic of Chance* [A lógica do acaso], Venn tentou criar uma ilustração visual da aleatoriedade com a construção de um gráfico gerado aleatoriamente. Cada passo do seu "caminho aleatório" foi dado por meio de um movimento aleatório em uma de oito direções (os oito pontos cardeais; ver Figura 25, esquerda).

A direção do movimento em cada passo ao longo do caminho foi determinada usando-se os dígitos da expansão decimal de π – uma seqüência de dígitos que Venn acreditava ser aleatória. Os primeiros 707 dígitos decimais de π foram usados na ordem em que ocorreram – o dígito 0 gerava um movimento para o norte; 1 para nordeste; 2 para o leste e os dígitos 3 a 7 continuavam no sentido horário em torno dos pontos cardeais.

Pode-se ver facilmente como ele iniciou esse caminho, observando-se os primeiros poucos dígitos (Figura 25, direita). Por exemplo, se tomássemos π = 3.1415926535..., seguiríamos a bússola direcionadora dos movimentos de Venn para os dígitos 141526535. Venn descartou o 3 inicial e todos os 8 e 9. Convencido da ausência de padrão do caminho por inspeção visual, Venn concluiu que o gráfico do caminho gerado por aqueles dígitos faria com que o leitor compreendesse a idéia de um arranjo aleatório (ver Figura 26). Venn

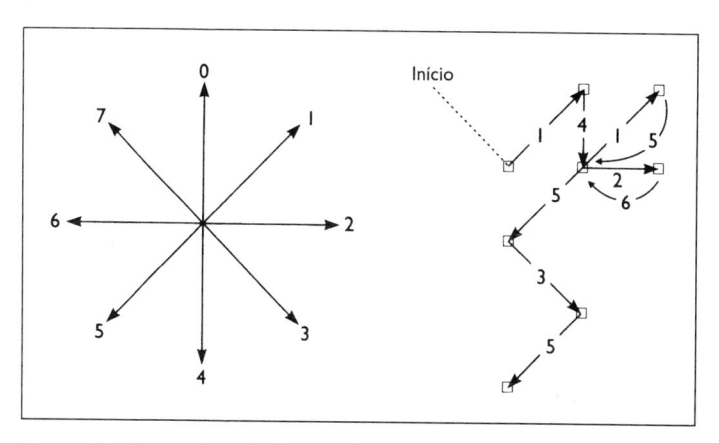

Figura 25 Depois de atribuir uma direção de movimento aos dígitos de 0 até 7, John Venn determinou cada passo ao longo desse caminho aleatório, usando os dígitos iniciais da expansão decimal de π.

180 mencionou ter desenhado caminhos semelhantes utilizando dígitos de tabelas logarítmicas[8].

Não se sabe se os dígitos da expansão decimal de números como π, *e* e $\sqrt{2}$ estão em disposição aleatória, mas as tentativas de comprovar ou refutar essa idéia continuam até hoje. Acreditando que a expansão decimal de certos números irracionais poderia produzir uma fonte interminável de dígitos aleatórios, outros pesqui-

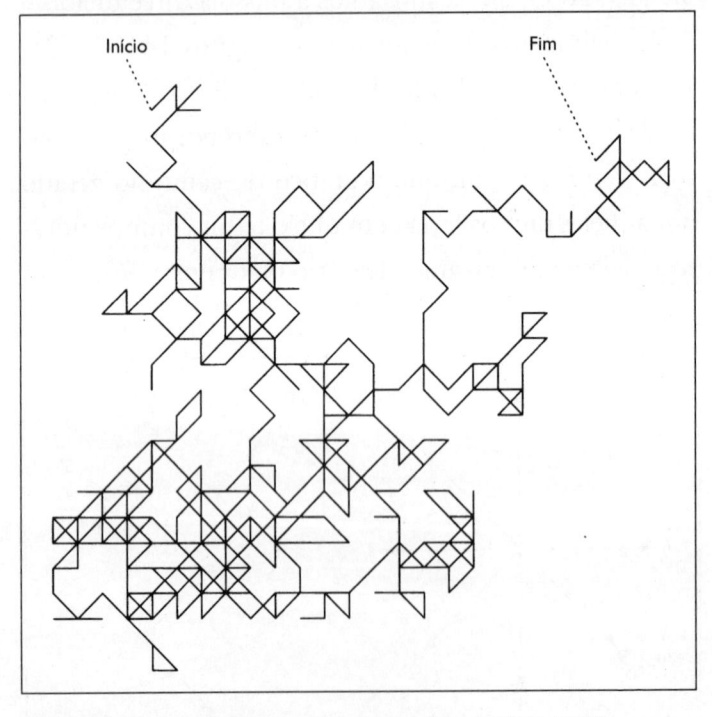

Figura 26 Representação visual da aleatoriedade de Venn (1888), gerada a partir dos primeiros 707 dígitos decimais de π.

▼

8. Venn, 1866, 3ª ed. (p. 118).

sadores seguiram o exemplo de Venn. Em 1950, N. C. Metropolis, G. Reitwiesner e J. von Neumann publicaram os resultados de um teste estatístico para determinar a aleatoriedade de 2.000 dígitos de π e 2.500 dígitos de *e*. Seus testes concluíram que, enquanto π não se desviou da aleatoriedade, *e* revelou sérios desvios[9].

No mesmo ano, C. Eisenhart e L. S. Deming chegaram a conclusões semelhantes, tendo aplicado testes a 2.000 dígitos de π e *e*. Em 1951, Horace S. Uhler testou 1.545 dígitos de $\sqrt{2}$ e $1/\sqrt{2}$, e seus resultados não indicaram nenhum desvio em relação a um grupo de dígitos puramente aleatórios. Em 1955, Robert E. Greenwood testou 2.035 dígitos de π e 2.486 dígitos de *e*, concluindo que seu teste não mostrou nenhum desvio em relação à aleatoriedade. Em 1960, J. W. Wrench, Jr. não "detectou nenhum comportamento anormal" depois de testar a distribuição de 16.000 dígitos decimais de π. Em 1961, R. K. Pathria examinou os primeiros 2.500 dígitos de *e* e constatou que eles apresentavam conformidade com a hipótese de aleatoriedade. Em 1962, Pathria testou e não encontrou nenhum desvio significativo entre os 10.000 primeiros dígitos de π. Em 1965, R. G. Stoneham relatou que os padrões observados por Metropolis e colaboradores nos dígitos de *e* não se repetiam além dos primeiros 2.500 dígitos (até 60.000). Stoneham testou 60.000 dígitos de *e*, ale-

---

9. Metropolis, Reitwiesner e von Neumann, 1950.

gando que os dígitos estavam em conformidade com uma aleatoriedade aproximada (com exceção talvez de um excesso de ocorrências de seis!). Em 1989, usando um supercomputador construído com peças sobressalentes em seu apartamento em Nova York, Gregory V. Chudnovsky e David V. Chudnovsky expandiram π a mais de um bilhão de dígitos, e seu sofisticado teste de caminho aleatório sugere que o bilhão de dígitos são, de fato, aleatórios[10].

Há, entretanto, uma questão que não nos deixa à vontade para aceitar que os dígitos de π sejam aleatórios. Quando nos preparamos para jogar uma moeda ou dado, ou para medir os intervalos de tempo entre os estalidos de um contador Geiger ou um pulso eletrônico, já sabemos que o resultado aleatório encarnará a incerteza. Ninguém pode saber de antemão o que virá. A idéia de aleatoriedade está totalmente entrelaçada com nossa noção de que o futuro é incerto. Os dígitos de π são outra história. Embora uma determinada pessoa não saiba, por exemplo, o octogésimo primeiro dígito de π, é possível que *alguém* saiba, porque os dígitos não mudam – eles são fixos. Os dígitos já estão lá, talvez esperando para serem observados, mas não esperando para acontecer[11].

▼
10. Para Eisenhart e Deming, ver Teichroew, 1965. Ver também Uhler, 1951; R. Greenwood, 1955; Wrench, 1960; Pathria, 1961, 1962 (p. 189); Stoneham, 1965. Para Chudnovsky e Chudnovsky ver MAA, 1989; Preston, 1992.
11. Os dígitos de π desempenham um papel interessante em *Contact*, romance de ficção científica de Carl Sagan, sobre mensagens de vida extraterrestre recebidas pela Terra.

Critérios para a aleatoriedade

Foi somente no século XX que as definições matemáticas de aleatoriedade começaram a surgir. A partir de uma série de conferências em 1919 e culminando com seu importantíssimo livro de 1928 sobre a teoria da probabilidade, Richard von Mises tentou fornecer uma definição intuitivamente satisfatória da probabilidade, com base num melhor entendimento da aleatoriedade.

Von Mises definiu a aleatoriedade numa seqüência de observações em termos da incapacidade de criar um sistema que possa prever *em que ponto* de uma seqüência uma observação específica irá ocorrer sem prévio conhecimento da seqüência. Essa definição é semelhante à impossibilidade de um esquema desleal de apostas. Apesar de ser possível a um jogador seguir uma regra de quando e como apostar, não existe nenhum esquema de previsão que pode capacitar um jogador a apostar de forma a mudar sua freqüência relativa de sucesso a longo prazo. A incapacidade de ter sucesso nos jogos de azar representa um traço intuitivamente desejável de uma seqüência aleatória – precisamente, sua imprevisibilidade. Essa incapacidade de prever foi chamada por von Mises de "impossibilidade de um sistema de jogo". A aleatoriedade garante que não existe nenhum esquema de jogo, nenhuma fórmula, nenhuma regra capaz de identificar determinados elementos na seqüência[12].

▼
12. Von Mises, 1939 (pp. 20, 29, 30), chamou essa seqüência aleatória de *Kollectiv* e definiu um *Kollectiv* como "uma longa série de observações nas quais existem razões suficientes para

Como se poderia esperar, a nova teoria da probabilidade de von Mises provocou algumas discussões bastante acaloradas. Alguns filósofos rejeitaram cabalmente sua teoria da freqüência a longo prazo e tentaram tornar mais precisa a visão do "senso comum" da probabilidade subjetiva. Analisaram em detalhe a noção de probabilidade com base no nosso grau de conhecimento ou indiferença e não nas freqüências a longo prazo. Outros, chamados por von Mises de "niilistas", alegaram que as definições de probabilidade e aleatoriedade eram desnecessárias e insistiram que esses conceitos deveriam ser aceitos como termos matemáticos entendidos, porém indefiníveis. Curiosamente, o maior grupo de críticos a von Mises era o dos próprios freqüentistas[13].

Von Mises tratou dessas críticas na edição de 1939 de *Probability, Statistics and Truth* [Probabilidade, estatística e verdade]. A maior crítica específica à sua nova teoria era uma objeção à sua definição de aleatoriedade. Dizer que a previsão dos elementos numa seqüência aleatória era impossível por *todo e qualquer* esquema, fór-

▼

se acreditar na hipótese de que a freqüência relativa de um atributo tenderia a um limite fixo se continuasse indefinidamente". Ele chamou esse limite fixo de *probabilidade* do atributo. Von Mises chamava os esquemas de jogos de apostas de "seleções de posições" ou "regras de seleções de posições", porque as regras de previsão poderiam incorporar a posição ou lugar da observação na seqüência. Seqüências com um padrão definido (não-aleatórias) costumam ser descritas por lugar ou posição. Na seqüência 001001001001... por exemplo, a cada três dígitos vem um 1, e todos os outros dígitos são 0. Para seqüências aleatórias, as regras de seleções de posições seriam impossíveis.
13. Keynes, 1929 (p. 290); Jeffreys, 1948, 1957. Excelentes análises dessas objeções e suas ramificações podem ser encontradas em von Mises, 1939; Popper, 1959; Loveland, 1966; Martin-Löf, 1969.

mula ou regra possível significa que não poderia existir *nenhuma* regra que tivesse a capacidade de prever qualquer parte substancial da seqüência. Ainda assim, toda seqüência certamente está em conformidade com alguma regra – simplesmente pode ser que não saibamos de antemão qual é a regra. Se toda seqüência está sujeita a alguma regra, uma seqüência que não se conforme a *nenhuma* regra não poderia existir. E se, por mero acaso, descobríssemos essa regra ou esquema, seríamos capazes de mudar nossa probabilidade de sucesso na previsão. Muitas tentativas foram feitas para aprimorar a definição de von Mises de uma seqüência aleatória pela diluição da condição de *todas* as regras *possíveis*[14].

Num trabalho de 1963, Andrei Kolmogorov conseguiu demonstrar que, se fossem permitidas somente fórmulas, regras ou leis de previsão *simples*, as seqüências do tipo de von Mises existiriam. A hipótese de Kolmogorov era de que "não pode existir *um número muito grande de algoritmos simples*". Em 1965, Kolmogorov definiu o que queria dizer com uma lei ou fórmula "simples" e publicou uma nova medida quantitativa de "informação". Em outras palavras, em vez de exigir que a aleatoriedade da seqüência fosse julgada pela imprevisibilidade absoluta, Kolmogorov iria exigir somente a imprevisibilidade por um pequeno conjunto de regras simples[15].

▼
14. Von Mises, 1939 (p. 128); Reichenbach, 1949; Loveland, 1966; Martin-Löf, 1969.
15. Kolmogorov, 1963 (p. 369). A "lei", ou "algoritmo", para previsão citada por Kolmogorov correspondia às regras de seleções de posições de von Mises. Ver Sheynin, 1974.

Trabalhando no ramo da teoria da informação, Kolmogorov fez outros avanços na medida da desordem, criando um método para quantificar a complexidade de uma quantidade de informação pela fórmula de menor comprimento que a pudesse gerar. As modernas definições matemáticas de seqüências aleatórias foram elaboradas com base na definição de Kolmogorov da complexidade na teoria da informação: uma seqüência aleatória é uma seqüência com complexidade máxima. Em outras palavras, a seqüência é aleatória se a menor fórmula que a computa for extremamente longa[16].

Sua definição tem um apelo intuitivo, pois transmite a idéia de que uma seqüência aleatória não pode ser descrita de modo conciso – ou seja, nenhuma lei simples pode descrever a seqüência. Muitas seqüências que são periódicas *podem* ser descritas em termos concisos, e Kolmogorov propôs que a ausência de periodicidade é, para o senso comum, uma característica de aleatoriedade. A seqüência aleatória ideal em termos dessa medida de complexidade seria aquela que só pudesse ser descrita enumerando-se a própria seqüência, elemento por elemento. Não seria possível desenvolver

▼

16. Em vez da palavra "fórmula", Kolmogorov, 1965, usava a palavra "programa". "Programa" significava "código de computador" em dígitos binários num computador ideal. Entretanto, sem perda de precisão, seria possível substituir as palavras "fórmula matemática" ou "algoritmo" por "programa". Apesar de Solomonoff, 1964, ter descrito antes medidas similares para quantificar a simplicidade de hipóteses em modelos de indução, a definição de uma seqüência aleatória em termos de sua complexidade informacional é creditada independentemente tanto a Kolmogorov, 1965, 1968, quanto a Gregory J. Chaitin, 1966, 1975.

uma fórmula que fosse mais curta que o comprimento da própria seqüência[17].

Como essa definição baseada na complexidade informacional mede o grau de desordem, talvez seqüências diferentes possam ter diferentes graus de aleatoriedade. Com efeito, Gregory Chaitin salientou que essa nova definição estabelece uma hierarquia de graus de aleatoriedade. Se a aleatoriedade for considerada algo absoluto, quanto maior a fórmula de comprimento mínimo que a gerar, mais aleatória será a seqüência. O problema é o seguinte: como vamos chegar a saber que encontramos a *menor* fórmula?[18]

Essas três posições a respeito do significado da aleatoriedade – a de que depende da freqüência a longo prazo, da nossa ignorância ou do comprimento de sua fórmula geradora – não são irreconciliáveis. Num exame mais detido, veremos um elemento comum, embora não surpreendente. O elemento comum a todas essas visões é a *imprevisibilidade* de eventos futuros com base em eventos passados.

▼
17. Definir uma seqüência aleatória de acordo com sua complexidade exclui do domínio da aleatoriedade seqüências periódicas previsíveis. Entretanto, essa definição excluiria também algumas seqüências não periódicas que podem ser descritas sucintamente, tais como a expansão decimal de certos números irracionais como π.
18. De acordo com Chaitin, 1975 (p. 48): "Uma série de números é aleatória se o menor algoritmo capaz de especificá-la para um computador tiver aproximadamente o mesmo número de bits de informação que a própria série." Ou seja, a menor fórmula que pode especificar uma seqüência aleatória é quase tão longa quanto a seqüência em si. Esse limiar de complexidade abaixo do qual uma seqüência não seria considerada aleatória permanece arbitrário, e Chaitin demonstrou que, mesmo que esse limiar seja colocado bem alto, "quase todas" as seqüências de grande comprimento finito serão aleatórias. Embora possa parecer relativamente fácil encontrar uma seqüência aleatória, já que existem tantas delas, Chaitin afirma que, seguindo-se a definição mais rigorosa de complexidade informacional, é impossível fazê-lo.

O freqüentista von Mises descreveu a aleatoriedade numa seqüência como criando a impossibilidade de um esquema desleal em um jogo – ninguém sabe o que vai acontecer. A aleatoriedade definida como uma expressão da ignorância ou da indiferença humanas engloba com certeza nossa incapacidade de prever independentemente de conhecimentos passados. A aleatoriedade definida em termos de complexidade, como o comprimento do programa mais curto que possa descrevê-la, assegura que os elementos numa seqüência aleatória não podem ser previstos de forma sucinta. A aleatoriedade garante que jamais poderemos conceber esquema algum que permita melhorar a probabilidade de "conhecer".

Em questões de aleatoriedade física, como a distribuição final de bolas de bilhar, quer exista alguma incerteza intrínseca, quer somente a ignorância de condições complexas, confusas, o resultado aleatório é desconhecido e impossível de se conhecer. Gustav Fechner acreditava que era a novidade de cada evento – o fato de que nenhum momento ou evento é uma réplica exata de outro – que introduz uma quantidade de indeterminismo em cada nova situação[19].

Ainda existe controvérsia quanto a ser o resultado ou o processo que deveria determinar a aleatoriedade, isto é, se a aleatoriedade é uma característica do próprio

---

19. Heidelberger, 1987.

arranjo ou o processo pelo qual o arranjo foi criado, ou ambos. Em seu livro *The Logic of Chance* [A lógica do acaso], Venn dizia que é "a natureza de um determinado arranjo final", e não "a forma específica pela qual ele se dá", que deve ser considerada ao se julgar um arranjo aleatório; e que o arranjo deve ser julgado pelo que seria observado a longo prazo. Basicamente, ele parece caracterizar a aleatoriedade em termos da desordem do próprio arranjo, não do processo que o gerou. Mas Venn passa então a afirmar que, se o arranjo for muito pequeno, devemos avaliar a natureza do agente que o produziu; e, muitas vezes, o agente deve ser julgado a partir dos próprios eventos[20].

Outros estudiosos, no passado e no presente, sustentam que "a aleatoriedade é uma propriedade, não de uma amostra individual, mas do processo de amostragem", e assim as seqüências que não parecem ser aleatórias podem ser geradas por um processo aleatório. Ian Hacking argumenta que "as amostras aleatórias são definidas inteiramente em termos do dispositivo de amostragem". Peter Kirschenmann acredita que uma clara distinção deve ser feita quando se fala em arranjo aleatório ou em geração aleatória – em outras palavras, no resultado ou no processo. De forma semelhante, G. B. Keene faz distinção entre uma seqüência aleatória e uma seqüência escolhida aleatoriamente. Nicholas Res-

---

20. Venn, 1866, 3ª ed. (p. 108).

cher ressalta que "a aleatoriedade propriamente dita caracteriza seqüências e os processos de seleção pelos quais as seqüências podem acontecer"[21].

Diversos autores destacaram que a seqüência obtida por um processo de seleção *perfeitamente* aleatório pode ter uma aparência muito não-aleatória. Como ressaltou Cícero muito tempo atrás, mesmo o evento improvável tem uma chance de ocorrer e *irá* ocorrer a longo prazo. Isso poderia se revelar pouquíssimo prático para algumas aplicações de seleção aleatória. Hacking, por exemplo, afirma que uma tabela gigantesca de números aleatórios poderia muito bem conter uma longa seqüência de zeros. Se ela não contivesse uma seqüência dessas, a aleatoriedade da tabela poderia despertar suspeita. Contudo, se a tabela contivesse essa seqüência, essa porção da tabela não seria adequada para pequenas amostras de dígitos. Hacking afirma que não ficaria satisfeito ao excluir essa seqüência, pois poderia ser acusado de alterar arbitrariamente a aleatoriedade da tabela. Por outro lado, ele relutaria em incluir a seqüência, pois seu uso seria inadequado para muitas finalidades[22].

G. Spencer Brown ilustra esse paradoxo com seqüências de jogadas de cara ou coroa. Ele gostaria de rejeitar certas seqüências – por exemplo, só caras ou só co-

---

▼

21. Ver Wallis e Roberts, 1962; Hacking, 1965 (p. 123); Kirschenmann, 1972; Keene, 1957; Rescher, 1961 (p. 5).
22. Hacking, 1965 (p. 131).

roas, caras e coroas alternadas e assim por diante – por não serem suficientemente desordenadas. Spencer Brown não é de modo algum o único que gostaria de remover partes que parecem não aleatórias de seqüências geradas aleatoriamente. A justificativa mais razoável para essa eliminação apóia-se, entretanto, na utilidade das subseqüências para aplicações práticas, não no quanto elas possam parecer ordenadas. Além disso, ele alega que não é a seqüência nem o processo o que define a aleatoriedade, mas sim a psicologia da desordem do observador: não podemos prever o que virá com base no que já vimos. Spencer Brown declara: "Nosso conceito de aleatoriedade é apenas uma tentativa de caracterizar e distinguir o tipo de série que confunde a maioria... É, portanto, irrelevante se uma série foi criada por uma moeda, uma máquina de calcular, um contador Geiger ou algum brincalhão. O que importa é seu efeito naqueles que a vêem, não como foi produzida."[23]

As seqüências aleatórias são geralmente percebidas como aquelas que não apresentam nenhuma ordem determinada. Venn observou que, em vez de ser o estado mental do observador que causa a aparência desordenada de um arranjo aleatório, é a desordem total do próprio arranjo que causa nossa incerteza[24]. Parte do problema de

▼
23. Spencer Brown, 1957 (p. 149). Ver também Keene, 1957.
24. Para o leigo, "sem ordem específica" significa "desordem". Em termos matemáticos, toda seqüência tem uma "ordem" uma vez que existe um primeiro termo, seguido por um segundo termo, seguido por um terceiro termo e assim por diante. Ver Venn, 1866, 1ª ed. (p. 6).

lidar com a questão de existir ou não a aleatoriedade absoluta provém da infinidade de tentativas de conciliar a noção científica com a noção comum de desordem.

As crianças têm dificuldade de aceitar que, numa experiência aleatória, uma seqüência de aparência regular é tão provável quanto uma de aparência irregular. A idade parece não resolver esse problema. De fato, vários estudos mostraram que as avaliações leigas de situações como aleatórias ou não-aleatórias costumam ser equivocadas. Até mesmo os adultos têm noções errôneas sobre a aparência da aleatoriedade. Os indivíduos sem sofisticação matemática acreditam intuitivamente que os resultados aleatórios devem mostrar necessariamente variabilidade a cada tentativa – provavelmente indicando um desejo pela desordem. Mesmo entre as pessoas instruídas, os pesquisadores demonstraram que as percepções de aleatoriedade estavam incorretas pela expectativa de uma irregularidade injustificada[25].

As definições práticas da aleatoriedade – uma seqüência é aleatória em virtude da quantidade e da natureza dos testes estatísticos pelos quais ela passa, e uma seqüência é aleatória em virtude do comprimento do algoritmo necessário para descrevê-la – não deixam de ter suas deficiências. Os testes estatísticos de aleatoriedade sempre implicarão erros. O erro faz com que o teste es-

▼
25. Fischbein e Gazit, 1984 (p. 17); Lopes, 1982; Kahneman e Tversky, 1982; Tversky e Kahneman, 1982, 1971.

tatístico rejeite como não aleatórias algumas seqüências que são de fato aleatórias e que aceite como aleatórias seqüências que não o são. O nível de significância do teste utilizado irá controlar a probabilidade e a porcentagem de erro, mas o erro nunca poderá ser reduzido a zero; ele é inerente ao cálculo de probabilidade.

Podemos descobrir, por exemplo, que existe uma probabilidade de 1 em 1.000 de que nossa seqüência não exiba um comportamento específico (não-aleatório) quando testada. Isso não significa que o comportamento não-aleatório não esteja lá; significa que é altamente improvável que ele esteja lá. A longo prazo, esperamos estar errados 1 vez em 1.000. O nível de significância do teste é de 1 em 1.000, e a probabilidade de estarmos errados na avaliação de que nossa seqüência passou no teste é de 1 em 1.000. Além disso, esse erro jamais poderá ser reduzido a 0 porque, a longo prazo, mesmo o improvável acaba acontecendo. Se uma seqüência tivesse passado por todos os testes disponíveis, isso poderia simplesmente significar que os testes utilizados não eram sensíveis à regularidade específica existente. Karl Popper afirmou que não temos testes para a detecção da presença de todas as regularidades, somente para "algumas regularidades determinadas ou específicas"[26].

Um obstáculo semelhante é o nível do limite de complexidade em comparação com o qual uma se-

▼
26. Gage, 1943; Stoneham, 1965; Popper, 1959.

qüência será considerada aleatória – condicionado ao comprimento do seu agente produtor (algoritmo). O comprimento do menor programa que pode produzir a seqüência de complexidade máxima é igual ao comprimento da própria seqüência. Em vez de exigir a complexidade máxima, se a seqüência for suficientemente complexa, poderemos ter de considerar a seqüência suficientemente aleatória.

São mantidas duas posições opostas: se a aleatoriedade absoluta é possível e se podem existir graus de aleatoriedade. Alguns vêem a aleatoriedade absoluta como um conceito limite; a aleatoriedade absoluta é o ideal, embora seja talvez inatingível[27]. Outros declaram que não existe aleatoriedade absoluta, só aleatoriedade relativa.

Kendall e Babington-Smith, por exemplo, defenderam a aleatoriedade *local* e propuseram quatro testes para estimá-la: o teste da freqüência, o teste serial, o teste do pôquer e o teste do intervalo. O *teste da freqüência* é um teste da ocorrência uniforme de cada um dos dez dígitos de 0 a 9 – sendo nossa expectativa a de que cada dígito ocorra um número aproximadamente igual de vezes, em torno de 1 vez em 10. O *teste serial* é um teste sobre a ocorrência uniforme de pares de dois dígitos – esperamos que cada par de dois dígitos possível ocorra um número de vezes aproximadamente igual, em torno de 1 vez em 100. Por que devemos testar se cada

---

27. Humphreys, 1976; von Mises, 1939.

dígito ocorre em torno de um décimo das vezes *e também* se cada par de dois dígitos ocorre em torno de um centésimo das vezes? Consideremos a seqüência 0 1 2 3 4 5 6 7 8 9 0 1 2 3... Embora ela não aparente ser uma seqüência aleatória, cada dígito pode ocorrer em torno de um décimo das vezes (dependendo de onde pararmos na seqüência). Entretanto, se considerarmos pares de *dois* dígitos – 01 23 45 67 89 01 23... – revela-se um padrão, pois apenas 5 em 100 pares chegarão a aparecer[28].

O *teste do pôquer* compara blocos de cinco dígitos com a ocorrência prevista de certas mãos de pôquer de cinco cartas: cinco de um tipo, quatro de um tipo e uma outra, três de um tipo e duas outras, dois pares, um par, e cinco dígitos diferentes. O *teste do intervalo* examina o número de dígitos (ou comprimento do intervalo) entre as ocorrências do dígito 0. Por exemplo, a seqüência 0|12|0|0|924789|0 tem intervalos de comprimento de 2, 0 e 6, respectivamente. A freqüência dos comprimentos dos intervalos entre zeros sucessivos na seqüência é comparada com a que seria esperada para dígitos selecionados aleatoriamente[29].

Seus testes estavam claramente voltados para determinar a utilidade de uma seqüência específica de dígitos aleatórios para amostragem. E embora uma seqüência talvez fosse considerada útil para uma finalidade, ela

▼
28. Kendall e Babington-Smith, 1938; Kendall, 1941; Keene, 1957.
29. Kendall e Babington-Smith, 1938, 1939a, 1939b.

poderia ser inútil para outra. Especialmente, quanto maior a seqüência, maior a possibilidade de ela conter partes deficientes que não seriam por si mesmas aleatórias em termos de lugar.

Um autor afirmou que podemos ter aleatoriedade relativa da mesma forma que podemos ter medidas relativamente precisas sem o conhecimento da medida absolutamente precisa[30]. Com instrumentos de medidas cada vez mais sofisticados, por exemplo, podemos medir a largura de uma folha de papel (em polegadas) como sendo de 8,5, 8,501, 8,50163 e assim por diante. Em que ponto paramos para decidir que um resultado é a medida correta? Talvez jamais consigamos a medida exata, mas em algum ponto declaramos que a precisão está suficiente.

Será que quase aleatório é satisfatório? Kolmogorov acreditava que somente a aleatoriedade aproximada se aplicava a populações finitas[31]. Uma seqüência perfeitamente aleatória pode ser somente uma abstração, mas a aleatoriedade aproximada pode ser satisfatória. É claro que precisamos acrescentar que a definição de "satisfatório" vai depender da situação. Uma despretensiosa mistura de bilhetes de entrada para sortear prêmios pode ser satisfatória, ao passo que devemos esperar que se tome maior cuidado na mistura dos cartões para o sorteio do alistamento militar durante uma guerra.

▼
30. Keene, 1957 (p. 157).
31. Kolmogorov, 1963.

À medida que a amostragem aleatória em experimentação estatística se tornou a norma, gerou-se uma quantidade maior de tabelas e desenvolveram-se mais testes. No entanto, desde que a primeira tabela de dígitos aleatórios foi publicada por L. H. C. Tippett em 1927, há controvérsias sobre como produzir seqüências aleatórias de dígitos e sobre como testar sua real aleatoriedade. Planejaram-se testes estatísticos para validar (ou invalidar) a aleatoriedade de uma seqüência, e é ilimitado o número de testes que poderiam ser concebidos[32].

Embora alguns testes se tenham tornado padrão, ainda se questiona por quais testes e por quantos desses testes uma seqüência precisa passar para ser aceita como aleatória. John von Neumann afirmou que, de acordo com sua experiência, testar seqüências aleatórias era mais complicado que gerá-las[33].

▼
32. Knuth, 1981.
33. Von Neumann, 1951 (p. 769).

10

PARADOXOS EM PROBABILIDADE

As lendas sobre profecias são comuns por toda a Morada do Homem.
Os deuses falam, os espíritos falam, os computadores falam.
A ambigüidade dos oráculos ou a probabilidade estatística
fornecem escapatórias, e as discrepâncias são eliminadas pela Fé.

URSULA K. LE GUIN, *The Left Hand of Darkness*

Tratando-se de matemática, os paradoxos acontecem por toda parte, mas eles ocorrem com maior freqüência num nível bastante sofisticado. Em probabilidade, entretanto, os paradoxos e as situações não intuitivas ocorrem num estágio relativamente simples. Talvez seja por isso que a intuição das pessoas para a probabilidade não seja tão aguçada quanto suas intuições para a geometria ou a aritmética. O renomado educador de matemática George Polya salientou que a intuição nos chega naturalmente e que os argumentos formais (matemáticos) deveriam legitimar essa intuição. Contudo, os educadores que pesquisaram as dificuldades do ensino de probabilidade confirmam o quanto mesmo as probabilidades mais simples podem ser não intuitivas[1].

Ilustrando com um exemplo, a maioria de nós considera um fato extraordinário encontrar alguém que compartilhe conosco a mesma data de nascimento. Entretanto, num grupo de 25 pessoas ou mais, chegam a mais de 50% as probabilidades de que duas ou mais pessoas tenham a mesma data de nascimento. A razão pela qual esse resultado é tão surpreendente é que todos nós tendemos a nos concentrar em *um determinado* aniversário (normalmente o nosso). Costumamos pensar que a pergunta é: qual é a probabilidade de que uma ou mais pessoas desse grupo tenha a mesma data de nascimento que *eu*? De fato, a probabilidade de que isso ocorra (se o grupo for de 25 pessoas) é de aproximadamente 0,064, ou menos de 7% – nem mesmo perto de 50%. Mas, quando a pergunta não é sobre uma pessoa em particular ou uma determinada data de nascimento, e sim sobre quaisquer duas ou mais pessoas com a mesma data de aniversário, as chances são de fato maiores do que 50%.

Outro paradoxo clássico da probabilidade é normalmente enunciado da seguinte forma[2]:

▼
1. Polya, 1962; Kapadia e Borovcnik, 1991 (p. 2); Hawkins e Kapadia, 1984 (p. 359).
2. Esse problema costuma ser chamado de "Sr. Smith e seu filho" ou "Sr. Smith e seus dois filhos". Para uma excelente análise, ver Bar-Hillel e Falk, 1982.

Dado que numa família há duas crianças e que pelo menos uma é menina, qual é a probabilidade de que haja duas meninas na família?

O que se supõe normalmente é que, em qualquer nascimento, o nascimento de uma menina ou de um menino sejam eqüiprováveis. Entretanto, esse problema em particular é paradoxal pois é possível construir histórias que parecem alterar muito pouco os dados conhecidos, mas que alteram totalmente a resposta à pergunta. Examine o problema colocado da seguinte forma:

(1) Você faz uma nova amiga e pergunta a ela se tem filhos. Ela responde: sim, dois. Você pergunta: alguma menina? Ela responde que sim. Qual é a probabilidade de ambas serem meninas? Resposta: um terço.

Como no lançamento de duas moedas, que pode resultar nas possibilidades eqüiprováveis CARA-CARA, CARA-COROA, COROA-CARA ou COROA-COROA, o nascimento de duas crianças pode resultar em MENINA-MENINA, MENINA-MENINO, MENINO-MENINA ou MENINO-MENINO. Como sabemos que pelo menos uma criança é menina, a última situação (MENINO-MENINO) é impossível. Portanto, MENINA-MENINA (duas meninas) é um resultado dos três resultados eqüiprováveis; a probabilidade é um terço.

Considere agora o mesmo problema com a história elaborada da seguinte forma:

(2) Você faz uma nova amiga e pergunta a ela se tem algum filho. Ela responde: sim, dois – com seis e dez anos de idade. Você pergunta: a mais velha é menina? Sim, responde ela. Qual é a probabilidade de ambas as crianças serem meninas? Resposta: metade.

A pergunta, na verdade, agora é: se seu primeiro filho é uma menina, qual é a probabilidade de seu segundo filho ser menina? A probabilidade do nascimento de uma menina ou de um menino é a mesma, isto é, $1/2$. Sob outro ponto de vista, os resultados possíveis para o nascimento de duas crianças *por ordem de nascimento* agora só podem ser MENINA-MENINA ou MENINA-MENINO, dois resultados eqüiprováveis antes de obtermos a informação adicional sobre o sexo da criança mais velha. Eles ainda são eqüiprováveis. Como MENINA-MENINA é uma de duas ocorrências possíveis eqüiprováveis, a probabilidade de duas meninas é de 50%.

E, finalmente, considere essa versão do problema:

(3) Você faz uma nova amiga e pergunta se ela tem filhos. Ela responde: sim, dois. Alguma menina? Sim. No outro dia você a vê com uma garota. Você pergunta: é esta sua filha? Sim, ela responde. Qual é a probabilidade de seus dois filhos serem meninas? Resposta: metade.

Isso parece tão estranho porque aparentemente não temos nenhuma informação a mais do que no primeiro exemplo; e, ainda assim, as probabilidades são diferentes. Antes de a vermos pela segunda vez, já sabíamos que um dos seus filhos era uma menina; e, no segundo encontro, não sabíamos nada a respeito da ordem dos nascimentos. Mas, novamente, a pergunta mudou. A pergunta agora é: Qual é a probabilidade de a criança que você não conhece ser uma menina? E essa probabilidade é a mesma do nascimento de uma menina, 1/2. Em outras palavras, os resultados possíveis são que você está vendo uma menina e não está vendo a outra menina (MENINA-MENINA), ou que você está vendo uma menina e não está vendo a outra criança, um menino (MENINA-MENINO). Como duas meninas é, novamente, uma das possibilidades entre duas eqüiprováveis, a probabilidade de duas meninas é $1/2$. A resposta que você obtém depende da história contada; depende de como você fica sabendo que pelo menos uma das crianças é do sexo feminino. Considerando o quanto a formulação do problema afeta a resposta nesse simples exemplo, não é de admirar que a probabilidade seja uma ciência que deixa muita gente perplexa.

Vamos agora examinar o Paradoxo do Carcereiro[3]:

> Adam, Bill e Charles estão presos. O carcereiro é o único a saber qual deles está condenado à morte e quais são os outros dois que serão libertados. Adam, que tem uma probabilidade de $1/3$ de ser executado, escreveu uma carta para sua mãe e quer que ela seja entregue por Bill ou Charles, o que for libertado. Quando Adam pergunta ao carcereiro se deve entregar sua carta a Bill ou

▼
3. Também chamado de Paradoxo do Prisioneiro (não confundir com o Dilema do Prisioneiro). Essa versão do problema foi adaptada de Ghahramani, 1996 (pp. 95-6).

Charles, o carcereiro, um homem compassivo, vê-se frente a um dilema. Se revelar a Adam o nome do homem que será libertado, pensa ele, então Adam agora terá uma probabilidade de $1/2$ de ser condenado à morte, já que ou Adam ou o outro homem restante será executado. Se ele ocultar a informação, as chances de Adam continuam sendo de $1/3$. Como Adam já sabe que um dos dois outros homens será libertado, como suas chances de ser executado podem ser afetadas por saber o nome do homem?

A resposta mais curta é que as chances de Adam não mudam e que a preocupação do carcereiro é equivocada. Mesmo que Adam venha a conhecer o nome do homem que será libertado, ele ainda terá uma probabilidade de $1/3$ de ser executado. O homem que não foi indicado tem agora uma probabilidade de $2/3$ de ser executado! Como isso pode ser possível?

Situação	Destino do prisioneiro			Carcereiro diz que este prisioneiro será libertado	Probabilidade de que esta hipótese ocorra
	Adam	Bill	Charles		
1a	☠	👤	👤	Bill	$\frac{1}{6}$
1b	☠	👤	👤	Charles	$\frac{1}{6}$
2	👤	☠	👤	Charles	$\frac{1}{3}$
3	👤	👤	☠	Bill	$\frac{1}{3}$

Figura 27 O Paradoxo do Carcereiro: Se ele divulgar o nome de um dos dois prisioneiros que será libertado, isso mudará a probabilidade dos outros dois de serem executados?

De início, cada uma das situações (1), (2) ou (3) é eqüiprovável, cada uma com a probabilidade de $1/3$ de acontecer (ver Figura 27). Se a situação verdadeira for a (1) (isto é, se Adam tiver sido condenado à morte), então (1a) e (1b) são eqüiprováveis, pois o carcereiro tem a opção de indicar Bill ou Charles. Metade das vezes o carcereiro irá selecionar Bill; e a outra metade selecionar Charles. Como a situação (1) tem uma probabilidade de $1/3$ e (1a), por exemplo, irá ocorrer metade das vezes em que se der essa situação, então a probabilidade de ocorrer (1a) é $1/2$ de $1/3$, ou $1/6$. Uma análise semelhante é válida também para (1b).

Agora, se o carcereiro contar a Adam que Bill será libertado, somente poderá ocorrer a situação (1a) ou (3): ou Adam, ou Charles, será executado. A princípio, o resultado (3) era duas vezes mais provável que (1a), com a probabilidade de $1/3$ contra $1/6$, e (3) ainda é duas vezes mais provável que (1a). Assim, Adam tem uma probabilidade duas vezes maior de ser libertado do que de ser condenado. Ele tem 2 chances em 3 de ser libertado e apenas 1 chance em 3 de ser executado. Observe que, agora que Bill foi indicado, Charles tem o dobro de possibilidades de ser executado.

Nas situações (2) e (3), o carcereiro não pode escolher quem indicar. Esse fenômeno é conhecido como escolha restrita e é familiar aos jogadores de *bridge*. A escolha restrita desempenhava um papel no Problema de Monty Hall, agora infame, que foi publicado em setembro de 1990 na coluna de *Parade*, "Ask Marilyn". Esse problema recebeu o nome do apresentador de *Let's Make a Deal*, Monty Hall. Um leitor fez a seguinte pergunta a Marilyn vos Savant:

> Suponha que você esteja num programa de sorteios e que lhe permitam escolher entre três portas: atrás de uma delas há um automóvel; atrás das outras, cabras. Você escolhe uma porta, digamos a nº 1; e o apresentador, que sabe o que há atrás das portas, abre outra, digamos a de nº 3, onde há uma cabra. Então ele lhe diz: "Quer escolher a porta nº 2?" É vantajoso mudar sua opção?

A resposta dela: você deve mudar sua opção. De acordo com o *New York Times*, o problema e a solução da colunista foram "debatidos nos corredores do serviço secreto americano (a CIA) e nas instalações militares dos pilotos de caça no Golfo Pérsico" e "analisados por matemáticos do Instituto de Tecnologia de Massachusetts (MIT) e programadores de computadores do Laboratório Nacional de Los Alamos no Novo México"[4].

Da mesma forma que o carcereiro, Monty (como proposto no problema) tinha uma opção restrita em certas situações (ver Figura 28). Originalmente, as chances de você escolher a porta com o automóvel eram de 1 em 3, ou $1/3$. Da mesma forma que não mudaram as chances de Adam ser executado por ser-lhe informado o nome de um dos outros dois prisioneiros

---

4. Tierney, 1991 (p. A1).

que seria libertado, também não mudou sua probabilidade de selecionar a porta atrás da qual havia o carro, agora que já viu a cabra. Portanto, se você confirmar sua escolha, depois de uma porta ter sido eliminada, sua chance de conseguir o carro é de $1/3$; porém, se mudar essa escolha depois que uma porta tiver sido eliminada, suas chances de ganhar o carro são de $2/3$.

O próximo paradoxo é o caso das Roletas Intransitivas[5]. Imagine um jogo entre dois indivíduos, cada um com uma roleta que, ao ser girada livremente, pode apontar para um de dois números eqüiprováveis; o jogador que conseguir o número maior vence. São três as jo-

Situação	Porta			Apresentador mostra a cabra atrás dessa porta	Probabilidade de ocorrência dessa situação
	1	2	3		
1a	carro	cabra	cabra	2	$\frac{1}{6}$
1b	carro	cabra	cabra	3	$\frac{1}{6}$
2	cabra	carro	cabra	3	$\frac{1}{3}$
3	cabra	cabra	carro	2	$\frac{1}{3}$

Figura 28 O problema de Monty Hall: Depois que lhe foi mostrada uma cabra atrás de uma das duas portas não escolhidas, o participante deve confirmar sua escolha inicial ou mudar de opção?

▼
5. Ver Shultz e Leonard, 1989; Kapadia e Borovcnik, 1991.

gadoras: Annie, que tem uma roleta com os números 8 e 4; Betsy, com uma roleta com os números 10 e 0, e Carla, com uma roleta com os números 6 e 2 (ver Figura 29).

Se Annie jogar com Betsy, cada uma tem a probabilidade de $1/2$ de ganhar, pois Betsy sempre perde com um 0 e sempre ganha com um 10. A roleta de Annie pode dar 4 ou 8, mas isso não importa. O que importa é o resultado da roleta de Betsy. Se Betsy jogar com Carla, cuja roleta pode dar 2 ou 6, cada uma tem uma probabilidade de $1/2$ de ganhar; novamente, Betsy sempre perde com um 0 e sempre ganha com um 10. Annie e Betsy têm as mesmas condições de ganhar, assim como Betsy e Carla. Podemos então concluir que Annie e Carla também têm as mesmas condições de ganhar?

Intuitivamente, podemos ter a sensação de que a resposta correta é sim. Mas ela é não. Se Annie jogar

Figura 29 O problema das Roletas Intransitivas: Se Annie e Betsy têm as mesmas condições e Betsy e Carla têm as mesmas condições, pode-se concluir que Annie e Carla têm as mesmas condições?

com Carla, existem quatro resultados possíveis, eqüiprováveis. Se os resultados forem 8 e 6, Annie ganha; 8 e 2, Annie ganha; 4 e 2, Annie ganha; 4 e 6, Carla ganha. Carla consegue ganhar somente se sua roleta der 6 e a de Annie 4. A probabilidade de Annie vencer Carla é de 3/4. Annie e Carla não têm as mesmas condições de ganhar.

O exemplo final da natureza não intuitiva da probabilidade é o chamado Paradoxo de Simpson[6]. Descobriu-se que uma faculdade estava matriculando uma proporção menor de mulheres do que de homens. Os administradores queriam descobrir se havia um departamento responsável pela distorção nas estatísticas gerais. Durante as investigações, coletaram dados de matrículas de cada departamento da instituição. Na esperança de encontrar o departamento culpado por prejudicar sua imagem, descobriram, na verdade, que em todos os departamentos a proporção de matrículas de mulheres era *mais alta* que as de homens. Aparentemente, estava faltando alguma informação ou talvez ela tivesse sido mal computada. Se cada departamento é contado apenas uma vez e não há sobreposição, como é possível ter uma proporção maior de mulheres em cada departamento e uma proporção menor no conjunto total?

Vamos supor que a faculdade tenha uma taxa de matrículas de 50/90, ou aproximadamente 56% para mulhe-

---

6. Uma adaptação do exemplo a partir de Borovcnik, Bentz e Kapadia, 1991 (pp. 66-67).

res em comparação com $^{60}/_{100}$, ou 60% para homens, e tenha dois departamentos (ver Figura 30). No departamento 1, 50 mulheres inscrevem-se e 20 são aceitas; 30 homens inscrevem-se e 10 são aceitos. A proporção de matrículas de $^{20}/_{50}$, ou 40%, é comparativamente favorável às mulheres em relação à proporção de matrícula de homens, $^{10}/_{30}$, aproximadamente 33%. No departamento 2, 40 mulheres inscrevem-se e 30 são aceitas; 70 homens inscrevem-se e 50 são aceitos. A proporção de matrículas de mulheres é $^{30}/_{40}$, ou 75%, comparada com a proporção de matrículas de homens de $^{50}/_{70}$, ou 71%. Apesar disso, quando os dois conjuntos de estatísticas são combinados, a proporção de matrícula de mulheres, $^{50}/_{90}$, é menor que a de homens, $^{60}/_{100}$.

A meu ver, o maior obstáculo ao desenvolvimento da probabilidade sempre foi a falta de uma compreensão dos resultados eqüiprováveis em todos os eventos

Departamento	♀ Inscrições	Matrículas	♂ Inscrições	Matrículas
1	50	20 (40%)	30	10 (33%)
2	40	30 (75%)	70	50 (71%)
Total da Faculdade	90	50 (56%)	100	60 (60%)

Figura 30 O Paradoxo de Simpson: Se a proporção de matrículas de mulheres é maior que a de homens em cada departamento da faculdade, como pode a proporção de matrículas de mulheres para o total da faculdade ser menor que a de homens?

com exceção dos mais simples, associada a crenças supersticiosas no destino ou na sorte. Há comprovação de que, para um simples sorteio ou um lançamento de dado, qualquer que seja o número de faces, a noção de eqüiprovável era bem compreendida desde os tempos antigos. Com o astrágalo, entretanto, que não tem faces com probabilidades iguais de caírem voltadas para cima e em jogos com dois dados ou mais, o conceito de resultados eqüiprováveis torna-se extremamente difícil de compreender. Embora alguns dados antigos fossem muito bem feitos e exatos, sem uma grande experiência ou uma intuição aguçada, é dificílimo identificar os resultados eqüiprováveis de um evento composto, como o lançamento de dois ou três dados de seis faces.

Essa compreensão falha, aliada às concepções equivocadas a respeito das probabilidades de curto prazo em comparação com aquelas de longo prazo, incentivou uma crença em períodos de boa e má sorte, possivelmente provocados por alguma divindade. Os antigos gregos parecem ter concluído dos seus encontros com o acaso que a precisão e a lei residiam somente no reino dos deuses, e que o caos e a irregularidade caracterizavam o mundo dos homens. Por não serem capazes de conciliar suas noções idealizadas das leis naturais com as evidências de um mundo físico imperfeito, eles não conseguiram desenvolver a ciência da probabilidade[7].

▼
7. David, 1962; Sambursky, 1956.

Durante a Idade Média, entretanto, embora as idéias sobre o acaso ainda fossem muito imprecisas, não foi impossível à mente medieval captar noções corretas sobre a probabilidade. O historiador Edmund Byrne destaca que o povo na Idade Média, como nós, "estava em contato diário com as confusas incertezas do inesperado, do acidental, do evento aleatório"[8]. Por que as teorias a respeito dos jogos de azar, da freqüência, da aleatoriedade e da probabilidade apareceram muito mais tarde?

Inúmeras explicações para essa lenta evolução foram apresentadas por uns e refutadas por outros. Entre elas, está a heresia de inserir o acaso numa decisão divina; a obsessão com o determinismo e a necessidade; a falta de exemplos empíricos de alternativas eqüiprováveis; a inexistência de um problema econômico que a ciência da probabilidade resolvesse; a falta de um sistema adequado de notação numérica; a inexistência da análise combinatória; a superstição dos jogadores; e as barreiras morais ou religiosas, particularmente na Igreja Cristã, que acreditava que tudo, mesmo as pequenas coisas, acontecia por vontade de Deus – "que até os cabelos da cabeça dos homens eram numerados e nenhum pardal caía sem o conhecimento de Deus"[9].

M. G. Kendall afirma que "a humanidade parece ter levado várias centenas de anos para acostumar-se a

▼
8. Byrne, 1968 (p. 5).
9. Ver Kendall, 1956; David, 1962; Maistrov, 1974; Hacking, 1975; Daston, 1988; Patch, 1927 (p. 27).

um mundo onde alguns acontecimentos não tinham causa; ou, pelo menos, onde eventos de vastos setores eram determinados por uma causalidade tão remota que poderiam ser representados com precisão por um modelo não-causal. E, de fato, a humanidade como um todo ainda não se acostumou à idéia. O homem na sua infância ainda tem medo do escuro, e poucas perspectivas são tão sombrias quanto a do futuro de um universo sujeito apenas à lei mecanicista e à sorte cega".[10]

A curto prazo, o acaso pode parecer inconstante e injusto. E embora as experiências com freqüências a longo prazo possam ajudar a modificar alguns de nossos comportamentos desajustados baseados numa incompreensão da aleatoriedade e da probabilidade, um prazo *muito* longo pode ser necessário. Considerando-se as concepções equivocadas, as inconsistências, os paradoxos e os aspectos não intuitivos da probabilidade, não deveria ser surpresa que, como civilização, levamos muito tempo para desenvolver intuições corretas. Na realidade, todos os dias podemos ver sinais de que a espécie humana ainda não tem um senso de probabilidade altamente desenvolvido. Talvez, a curto prazo, seja melhor que todos nós abordemos com cautela nossos encontros inesperados com o acaso.

▼
10. Kendall, 1956 (p. 32).

Bibliografia

Adrian, Robert. 1808. Research Concerning the Probabilities of the Errors which Happen in Making Observations, etc. *The Analyst, or Mathematical Museum* 1: 93-109.

American Academy of Pediatrics Committee on Infectious Diseases. 1994. Screening for Tuberculosis in Infants and Children. *Pediatrics* 93: 131-134.

Ancient Die Goes to Museum. 1931. *El Palacio* (Santa Fe) 31: 41.

Arbuthnot, John. 1714. *Of the Laws of Chance, or a Method of Calculation of the Hazards of Game, Plainly Demonstrated, and Applied to Games at Present most in Use, which May be Easily Extended to the most Intricate Cases of Chance Imaginable.* Londres, Benj. Motte.

Ashton, John. 1893. *A History of English Lotteries.* Londres, The Leaderhall Press. Reed. Detroit, Singing Tree Press, 1969.

Avedon, Elliot M. e Brian Sutton-Smith, orgs. 1971. *The Study of Games.* Nova York, John Wiley and Sons.

Bar-Hillel, Maya e Ruma Falk. 1982. Some Teasers Concerning Conditional Probabilities. *Cognition* 11: 109-122.

BERNOULLI, Daniel. 1777. The most Probable Choice between Discrepant Observations and the Formation therefrom of the most Likely Induction. Com nota introdutória de M. G. Kendall. *Biometrika* 48: 1-18. Trad. C. G. Allen de *Acta Acad. Petrop.*, 1777, pp. 3-33. Reed. em Pearson e Kendall (1970), pp. 157-167.

BHATTA, C. Panduranga. 1985. *Dice Play in Sanscrit Literature*. Delhi, Amar Prakashan.

Bible. 1901. King James Version. Cleveland, World Publishing Company.

BISPHAM, J. W. 1920. An Experimental Determination of the Distribution of the Partial Correlation Coefficient in Samples of Thirty: Part I. Samples from an Uncorrelated Universe. *Proceedings of the Royal Society of London* 97: 218-224.

——. 1923. An Experimental Determination of the Distribution of the Partial Correlation Coefficient in Samples of Thirty: Samples from a Highly Correlated Universe. *Metron*, 2: 684-696.

BLAKE, William. 1825-1827. *Complete Writings*. Org. Geoffrey Keynes. Londres, Nonesuch Press, 1957.

BORK, Alfred M. 1967. Randomness and the Twentieth Century. *Antioch Review* 27: 40-61.

BOROVCNIK, M., H.-J. Bentz e R. Kapadia. 1991. A Probabilistic Perspective. Em Kapadia e Borovcnik, pp. 27-71.

BOYER, Carl B. 1968. *A History of Mathematics*. Nova York, John Wiley and Sons. Reed. Princeton, Princeton University Press, 1985.

BROWNE, Malcolm W. 1988. Most Ferocious Math Problem is Tamed. *New York Times*, Oct. 12, pp. A1, A17.

BUFFON, Georges-Louis Leclerc. 1777. *Essai d'arithmetique morale*. Partes trad. John Lyon. In *From Natural History to the History of Nature: Readings from Buffon and his Critics,* org. e trad. John Lyon e Phillip R. Sloan, pp. 53-73. Notre Dame, University of Notre Dame Press, 1981.

BUITENEN, Johannes A. B. van, org. e trad. 1975. *The Mahabharata*. Livros II e III. Chicago, University of Chicago Press.

BURRILL, Gail. 1990. Statistics and Probability. *Mathematics Teacher* 83: 113-118.

BYRNE, Edmund F. 1968. *Probability and Opinion: A Study in the Medieval Presuppositions of Post-medieval Theories of Probability.* Haia, Martinus Nijhoff.

CARDANO, Girolamo. 1564. *Liber de ludo aleae.* [The Book on Games of Chance.] Trad. Sydney H. Gould. Reed. em Oystein Ore, *Cardano, the gambling scholar.* Princeton, Princeton University Press, 1953. (As referências de páginas são à edição de Ore.)

CARLSON, Karen J., Stephanie A. Eisenstat e Terra Ziporyn. 1996. *The Harvard Guide to Women's Health.* Cambridge, Harvard University Press.

CARNARVON, George E. e Howard Carter. 1912. *Five Years' Explorations at Thebes.* Londres, Oxford University Press.

CASSELLS, Ward, Arno Schoenberger e Thomas Grayboys. 1978. Interpretation by Physicians of Clinical Laboratory Results. *New England Journal of Medicine* 299: 999-1001.

CHAITIN, Gregory J. 1966. On the Length of Programs for Computing Finite Binary Sequences. *Journal of the Association for Computing Machinery* 13: 547-569.

———. Randomness and Mathematical Proof. 1975. *Scientific American* 232: 47-52.

CHAUCER, Geoffrey. 1949. *The Canterbury Tales.* Em *The Portable Chaucer* Trad. e org. Theodore Morrison. Nova York, Viking Press.

CHURCH, Alonzo. 1940. On the Concept of a Random Sequence. *American Mathematical Society Bulletin* 46: 130-135.

CÍCERO, Marco Túlio. 1920. *De divinatione.* Org. e anot. Arthur S. Pease. Urbana, University of Illinois Press.

———. 1928. *De divinatione.* Trad. William A. Falconer. Londres, William Heinemann Ltd.

CIOFFARI, Vincenzo. 1935. Fortune and Fate from Democritus to St. Thomas Aquinas. Tese de doutorado, Columbia University.

CIPRA, Barry L. 1990. Computational Complexity Theorists Tackle the Cheating Computer Conundrum. *SIAM (Society for Industrial and Applied Mathematicians) News* 23: 1, 18-20.

CLARK, A. L. 1933. An Experimental Investigation of Probability. *Canadian Journal of Research* 9: 402-414.

——. 1937. Probability Experimentally Investigated. *Canadian Journal of Research* 15: 149-153.

CLEARY, Thomas, trad. 1986. *The Taoist I Ching*. Boston, Shambhala.

COVEYOU, R. R. Citado em Gardner, 1975, p. 169.

COVEYOU, R. R. e R. D. MacPherson. 1967. Fourier Analysis of Uniform Random Number Generators. *Association for Computing Machinery Journal* 14: 100-119.

CRUTCHFIELD, James P., J. Doyne Farmer, Norman H. Packard e Robert S. Shaw. 1986. Chaos. *Scientific American* 255: 46-57.

CULIN, Stewart. 1896. Chess and Playing Cards. Em *U.S. National Museum, Annual Report*. Washington, DC, Smithsonian Institution.

——. 1903. American Indian Games. *American Anthropologist*, sem especificação, 5:58-64. Reed. em Avedon e Sutton-Smith, 1971, pp. 103-7.

——. 1907. *Games of the North American Indians*. Washington, DC, Government Printing Office.

DARBISHIRE, A. D. 1907. Some Tables for Illustrating Statistical Correlation. *Manchester Literary and Philosophical Society, Memoirs and Proceedings* 51:1-20.

DASTON, Lorraine. 1988. *Classical Probability During the Enlightenment*. Princeton, Princeton University Press.

DAVID, Florence N. 1962. *Games, Gods and Gambling: Origins and History of Probability and Statistical Ideas from the Earliest Times to the Newtonian Era*. Nova York, Hafner Publishing Company.

DAVIDSON, Henry A. 1949. *A Short History of Chess*. Nova York, Greenberg Publisher.

DEFOREST, Erastus L. 1876. *Interpolation and Adjustment of Series*. New Haven, Tuttle, Morehouse & Taylor. Reed. em Stigler, 1980, vol. 2.

DE MOIVRE, Abraham. 1756. *The Doctrine of Chances: Or, a Method of Calculating the Probabilities of Events of Play*. 3ª ed. Londres, A. Millar. Reed. Nova York, Chelsea Publishing Company, 1967.

DE MORGAN, Augustus. 1912. *A Budget of Paradoxes.* 2ª ed. Org. David Eugene Smith. Freeport, N. Y., Books for Libraries Press, 1969.

DE VREESE, K. 1948. The Game of Dice in Ancient India. *Orientalia Neerlandica.* 25th anniversary volume, 349-362.

DIACONIS, Persi. 1989. "The Search for Randomness." Palestra de 29 de março. Teachers College, Columbia University.

DIACONIS, Persi e Bradley Efron. 1983. Computer-intensive Methods in Statistics. *Scientific American* 248: 116-130.

DIACONIS, Persi e Frederick Mosteller. 1989. Methods for Studying Coincidences. *Journal of the American Statistical Association* 84: 853-861.

EDGEWORTH, Francis Y. 1885a. Methods of Statistics. *Journal of the Royal Statistical Society* Jubilee Volume, 181-217.

——. 1885b. On Methods of Ascertaining Variations in the Rate of Births, Deaths, and Marriages. *Journal of the Statistical Society* 48: 628-649.

——. 1902. Error, Law of. In *Encyclopaedia Britannica.* 10ª ed. Londres, Adam and Charles Black.

EFRON, Bradley e Robert J. Tibshirani. 1993. *An Introduction to the Bootstrap.* Monograph on Statistics and Applied Probability 57. Nova York, Chapman and Hall.

EPSTEIN, Rabbi I., org. 1935. *The Babylonian Talmud.* Trad. Jacob Shachter. Londres, The Soncino Press.

ERASMUS, C. J. 1971. Patolli, Pachisi, and the Limitations of Possibilities. In Avedon e Sutton-Smith, 1971, pp. 109-29.

EVANS, Arthur J. 1964. *The Palace of Minos at Knossos.* Nova York, Biblo and Tannen.

EWIN, C. L'Estrange. 1972. *Lotteries and Sweepstakes.* Nova York, Benjamin Blom.

EZELL, John S. 1960. *Fortune's Merry Wheel. The Lottery in America.* Cambridge, Harvard University Press.

FALKENER, Edward. 1892. *Games Ancient and Oriental and How to Play them.* Londres, Longmans, Green and Company. Reed. Nova York, Dover Publications, 1961.

FIENBERG, Stephen E. 1971. Randomization and Social Affairs: The 1970 Draft Lottery. *Science* 171: 255-261.

FISCHBEIN, Efraim e A. Gazit. 1984. Does the Teaching of Probability Improve Probabilistic Intuitions? *Educational Studies in Mathematics* 15:1-24.

FISHER, Ronald A. 1926. On the Random Sequence. *Quarterly Journal of the Royal Meteorological Society* 52: 250.

FISHER-SCHREIBER, Ingrid, Franz-Karl Ehrhard, Kurt Friedrichs e Michael S. Diener. 1989. *The Encyclopedia of Eastern Philosophy and Religion: Buddhism, Hinduism, Taoism, and Zen.* Boston, Shambhala. Art. "Hung-fan", "I Ching" e "Kali".

FORD, JOSEPH. 1983. How Random is a Coin Toss? *Physics Today* 36: 40-47.

GADD, C. J. 1934. An Egyptian Game in Assyria. *Iraq* 1: 45-50.

GAGE, Robert. 1943. Contents of Tippett's "Random Sampling Numbers". *Journal of the American Statistical Association* 38: 223-227.

GALILEI, Galileo. 1623. *Sopra le scoperte dei dadi.* [Thoughts about Dice Games.] 1623. In vol. 8, *Opere di Galileo Galilei.* Trad. E. H. Thorne. Florença, Edizione Nationale, 1898. Reed. em David, 1962, pp. 192-5.

——. 1632. *Dialogue of the Two Chief World Systems – Ptolemaic and Copernican.* Análise do terceiro dia. Trad. S. Stillman Drake. Com prefácio de Albert Einstein. Berkeley, University of California Press, 1953.

GALTON, Francis. 1877. Typical Laws of Heredity. *Nature* 15: 492-495, 512-514, 532-533.

——. 1890a. Kinship and Correlation. *North American Review* 150: 419-431. Reed. em Stigler,1989, pp. 81-6.

——. 1890b. Dice for Statistical Experiments. *Nature* 42:13-14. Reed. em Stigler, 1991, pp. 94-6.

GARDNER, Martin. 1975. Random Numbers. Em *Mathematical Carnival.* Nova York, Alfred A. Knopf. Reed. Nova York, Vintage Books, 1977.

GAUSS, Karl Friedrich. 1809. *Theoria motus corporum coelestium.* [Theory of the Motion of the Heavenly Bodies.] Trad. Charles H. Davis. Boston, Little, Brown and Company, 1857.

GHAHRAMANI, Saeed. 1996. *Fundamentals of Probability.* Upper Saddle River, NJ, Prentice Hall.

GLEICK, James. 1987a. A New Approach to Protecting Secrets is Discovered. *New York Times*, Feb. 17, pp. C1, C3.

——. 1987b. *Chaos.* Nova York, Viking.

GOLDSTEIN, Kenneth S. 1971. Strategy in Counting-out: An ethnographic folklore field study. Em Avedon e Sutton-Smith, 1971, pp. 167-178.

GOSSET, William S. Ver Student.

GRAVES, Robert. 1934. *I, Claudius.* Nova York, Harrison Smith and Robert Haas.

GREENWOOD, Robert E. 1955. Coupon collector's test for random digits. *Mathematical Tables and Other Aids to Computation* 9: 1-5.

GRIDGEMAN, N. T. 1960. Geometric Probability and the Number π. *Scripta Mathematica* 25: 183-195.

GRIERSON, George A. 1904. Guessing the Number of the *vibhitaka* Nuts. *Journal of the Royal Asiatic Society of Great Britain and Ireland* 355-357.

HACKING, Ian. 1965. *Logic of Scientific Inference.* Cambridge, Cambridge University Press.

——. 1975. *The Emergence of Probability: A Philosophical Study of Early Ideas about Probability, Induction and Statistical Inference.* Nova York, Oxford University Press.

HALL, A. 1873. On an Experimental Determination of π. *Messenger of Mathematics* 2: 113-114.

HASOFER, A. M. 1967. Random Mechanisms in Talmudic Literature. *Biometrika* 54: 316-321. Reed. em Pearson e Kendall, 1970, pp. 39-44.

HASTINGS, James, org. 1912. *Encyclopedia of Religion and Ethics.* Nova York, Charles Scribner's Sons. Art. "Chance", "City, city-gods", "Divination", "Fortune", "Gambling" e "Games".

HAWKINS, Anne S. e Ramesh Kapadia. 1984. Children's conceptions of Probability: A Psychological and Pedagogical Review. *Educational Studies in Mathematics* 15: 349-377.

HEIDELBERGER, Michael. 1987. Fechner's Indeterminism: From Freedom to Laws of Chance, 1987. In Krüger, Daston e Heidelberger, 1987, pp. 117-156.

HELD, G. J. 1935. Gambling. Cap. 5. em *The Mahabharata: An Ethnological Study.* Londres, Kegan Paul, Trench, Trubner and Co.

HERÓDOTO. 1859. *The History of Herodotus.* Trad. e org. George Rawlinson. Nova York, D. Appleton & Co.

HILLERMAN, Tony. 1990. *Coyote Waits.* Nova York, Harper & Row.

HOBBES, Thomas. 1841. *The Questions Concerning Liberty, Necessity, and Chance.* Vol. 5 em *The English Works of Thomas Hobbes.* Org. Sir William Molesworth. Londres, John Bohn.

HOMERO. 1951. *The Iliad.* Trad. Richmond Lattimore. Chicago, University of Chicago Press.

HORTON, H. Burke. 1948. A Method for Obtaining Random Numbers. *Annals of Mathematical Statistics* 19: 81-85.

HORTON, H. Burke e R. Tynes Smith, III. 1949. A Direct Method for Producing Random Digits in any Number System. *Annals of Mathematical Statistics* 20: 82-90.

HUME, David. 1739. *A Treatise of Human Nature: Being an Attempt to Introduce the Experimental Method of Reasoning into Moral Subjects*, vol. 1, part 3: *Of the Understanding of Knowledge and Probability.* Org. L. A. Selby-Bigge. Londres, Oxford University Press, 1965.

HUMPHREYS, Paul William. 1976. Inquiries in the Philosophy of Probability: Randomness and Independence. Tese de doutorado, Stanford University.

JACKSON, Shirley. 1948. The Lottery. In *Literature and the Writing Process.* 3ª ed. Nova York, Macmillan Company, 1993.

JEFFREYS, Harold. 1948. *The Theory of Probability.* 2ª ed. Londres, Oxford University Press.

——. 1957. *Scientific Inference.* 2ª ed. Cambridge, Cambridge University Press.

KAHNEMAN, Daniel, Paul Slovic e Amos Tversky, orgs. 1982. *Judgement under Uncertainty: Heuristics and Biases.* Nova York, Cambridge University Press.

KAHNEMAN, Daniel e Amos Tversky. 1982. Subjective Probability: A Judgment of Representativeness. In Kahneman, Slovic e Tversky, 1982, pp. 32-47.

KAPADIA, Ramesh e Manfred Borovcnik, orgs. 1991. *Chance Encounters: Probability in Education.* Holanda, Kluwar Academic Publ.

KEENE, G. B. 1957. Randomness II. *The Aristotelian Society Symposium Proceeding, 12-14 July 1957; Supplementary* 31: 151-160. Londres, Harrison and Sons, Ltd.

KENDALL, Maurice G. 1941. A Theory of Randomness. *Biometrika* 32: 1-15.

——. 1956. The Beginnings of a Probability Calculus. *Biometrika* 43: 1-14. Reed. em Pearson e Kendall, 1970, pp. 19-34.

——. 1961. Daniel Bernoulli on Maximum Likelihood. Introductory Note to Bernoulli, 1777. Reed. em Pearson e Kendall, 1970, pp. 155-156.

KENDALL, Maurice G. e B. Babington-Smith. 1938. Randomness and Random Sampling Numbers. *Journal of the Royal Statistical Society*, ser. A, 101: 147-166.

——. 1939a. Second Paper of Random Sampling Numbers. *Journal of the Royal Statistical Society*, ser. B, 6: 51-61.

——. 1939b. Tables of Random Sampling Numbers. *Tracts for Computers*, n.º 24. Reed. Londres, Cambridge University Press, 1951.

KENDALL, Maurice G. e R. L. Plackett, orgs. 1977. *Studies in the History of Statistics and Probability* vol. 2. Londres, Charles Griffin & Co.

KEYNES, John M. 1929. The Meanings of Objective Chance, and of Randomness. Cap. 24 de *A Treatise on Probability.* Londres, Macmillan & Co.

KIRSCHENMANN, Peter. 1972. Concepts of Randomness. *Journal of Philosophical Logic* 1: 395-413.

KNUTH, Donald E. 1981. Random Numbers. Cap. 3 de *Seminumerical algorithms,* vol. 2 de *The Art of Computer Programming.* 2.ª ed. Reading, MA, Addison Wesley.

KOLATA, Gina. 1988. Theorist Applies Power to Uncertainty in Statistics. *New York Times*, Nov. 8, pp. C1, C6.

——. 1990. 1-in-a-trillion Coincidence, You Say? Not Really Experts Find. *New York Times*, Feb 27, pp. C1-C2.

KOLMOGOROV, Andrei. 1963. On Tables of Random Numbers. *Sankhya*, ser. A25: 369-376.

——. 1965. Three Approaches for Defining the Concept of Information Quantity. *Problems of Information Transmission* 1: 4-7.

——. 1968. Logical Basis for Information Theory and Probability Theory. *IEEE Transactions on Information Theory* IT-14: 662-664.

KRÜGER, Lorenz, Lorraine Daston e Michael Heidelberger, orgs. 1987. *The Probabilistic Revolution*, vol. 1: *Ideas in History* Cambridge, MIT Press.

KRUSKAL, William H. e Frederick Mosteller. 1980. Representative Sampling, IV: The History of the Concept in Statistics, 1895-1939. *International Statistical Review* 48: 169-195.

LANGDON, Steven H. 1930. The Semitic Goddess of Fate, Fortuna-Tyche. *Journal of the Royal Asiatic Society of Great Britain and Ireland* 21-29.

——. 1931. *The Mythology of all Races*. Vol. 5, *Semitic*. Reed. Nova York, Cooper Square Publishing, Inc., 1964.

LAPLACE, Pierre-Simon de. 1886. *Oeuvres completes de Laplace,* vol. 7, livro II, caps. 4 e 5. Paris, Gauthier-Villars.

L'ECUYER, Pierre. 1988. Efficient and Portable Combined Random Number Generators. *Communications of the Association of Computing Machinery* 31: 742-749, 774.

LE GUIN, Ursula K. 1969. *The Left Hand of Darkness*. Nova York, Harper & Row.

LEHMER, D. H. 1951. Mathematical Methods in Large-scale Computing Units. In *The Annals of the Computation Laboratory of Harvard University 26: Proceedings of a Second Symposium on Large-scale Digital Calculating Machinery 13-16 Sept. 1949.*

LICHTENSTEIN, Murray e Louis I. Rabinowitz. 1972. *Encyclopaedia Judaica*. Nova York, Macmillan. Art. "Gambling", "Games" e "Lots".

LOPES, Lola L. 1982. Doing the Impossible: A Note on Induction and the Experience of Randomness. *Journal of Experimental Psychology* 8: 626-636.

LOVELAND, Donald. 1966. A New Interpretation of the von Mises Concept of Random Sequences. *Zeitschrift für Mathematische Logik und Grundlagen der Mathematik* 12: 179-194.

LUCRÉCIO. 1937. *De rerum natura*, vol. 1, livro 2. 3ª ed. Trad. W H. D. Rouse. Londres, William Heinemann.

MAA. 1989. *Ver* Mathematical Association of America.

MACKAY, Ernest J. 1976. *Further Excavations at Mohenjo-Daro.* 2 vols. Nova Déli: Indological Book Corp.

Mahabharata. Ver Buitenen, 1975.

MAISTROV, Leonid E. 1974. *Probability Theory: A Historical Sketch.* Trad. Samuel Kotz. Nova York, Academic Press.

MARSAGLIA, George e Arif Zaman. 1991. A New Class of Random Number Generators. *Annals of Applied Probability* 1 (3): 462-480.

MARTIN-LÖF, Per. 1969. The Literature on von Mises Kollectivs Revisited. *Theoria* 35: 12-37.

MASSEY, William A. 1996. Correspondence with J. Laurie Snell, ed. *Chance News*, Jan. 9, 1996.

Mathematical Association of America (MAA). 1989. At the limits of calculation: Pi to a billion digits and more. *Focus* 9: 1, 3-4.

METROPOLIS, N. C., G. Reitwiesner e J. von Neumann. 1950. Statistical Treatment of Values of First 2000 Decimal Digits of e and π Calculated on the ENIAC. *Mathematical Tables and Other Aids to Computation* 4:109-111.

MEYER, Herbert, org. 1956. *Symposium on Monte Carlo methods.* University of Florida, Statistical Lab. Nova York, John Wiley and Sons, Inc.

MILL, John Stuart. 1843. *A System of Logic, Ratiocinative and Inductive, being a Connected View of the Principles of Evidence, and the Methods of Evidence, and the Methods of Scientific Investigation*, vol. 2. Londres, John W. Parker.

MISES, Richard von. 1939. *Probability Statistics and Truth.* 2ª ed. Trad. J. Neyman, D. Sholl, e E. Rabinowitsch. Nova York, Macmillan.

NEUMANN, J. von. 1951. Various Techniques Used in Connection wich Random Digits. *Journal Res. Nat. Bus. Stand. Appl. Math. Series* 3: 36-38. Reed. em *John von Neumann, collected works*, vol. 5, pp. 768-70, A. H. Taub, org. Nova York, Macmillan, 1963.

News and views. 1929. *Nature* 123: 540.

NISBETT, Richard E., Eugene Borgida, Rick Crandall e Harvey Reed. 1982. Popular Induction: Information is not Necessarily Informative. Em Kahneman, Slovic e Tversky, 1982, pp. 101-116.

OED. 1989. Ver *Oxford English Dictionary*

OPPENHEIM, A. Leo. 1970. *Ancient Mesopotamia: Portrait of a Dead Civilization*. Chicago, University of Chicago Press.

OPPENHEIM, A. Leo, Ignace J. Gelb e Benno Landsberger, orgs. 1960. *The Assyrian Dictionary*. Chicago, Oriental Institute. Art. "Isqu."

ORE, Oystein. 1953. *Cardano, the Gambling Scholar*. Princeton, Princeton University Press.

———. 1960. Pascal and the Invention of Probability Theory. *American Mathematical Monthly* 67: 409-419.

OSER, Hans J. 1988. Team from Sandia Laboratories Puts the Factoring Problem on a Hypercube. *SIAM (Society for Industrial and Applied Mathematicians) News* (Sept.): 1, 15.

Oxford English Dictionary (OED). 1989. 2ª ed. J. A. Simpson e E. S. C. Weiner, orgs. Oxford, Clarendon Press. Art. "Chance", "Cleromancy", "Cube", "Hazard", "Lot", "Lottery", "Random", "Rhapsodomancy", "Sortes", "Sortilege" e "Stochasic".

PARK, Stephen K. e Keith W. Miller. 1988. Random Number Generators: Good Ones are Hard to Find. *Computing Practices* 3: 1192-1201.

PARKE, H. W. 1988. *Sibyls and Sibylline Prophecy in Classical Antiquity*. B. C. McGing, org. Londres e Nova York, Routledge.

PASTEUR, Louis. 1854. Citado em Vallery-Radot, 1927.

PATCH, Howard R. 1927. *The Goddess Fortuna in Mediaeval Literature*. Cambridge, Harvard University Press.

PATHRIA, R. K. 1961. A Statistical Analysis of the First 2,500 Decimal Places of e and $1/e$. *Proceedings of the National Institute of Sciences of India,* Parte A 27: 270-282.

—. 1962. A Statistical Study of Randomness among the First 10,000 Digits of π. *Mathematics of Computation* 16: 188-197.

PEARSON, Egon S. 1939. Prefácio a *Tables of Random Sampling Numbers: Tracts for Computers,* nº 24. Em Kendall e Babington-Smith, 1939b.

—. 1965. Some Incidents in the Early History of Biometry and Statistics, 1890-1894. *Biometrika* 52: 3-18. Reed. em Pearson e Kendall, 1970, pp. 323-38.

—. 1967. Some Reflections on Continuity in the Development of Mathematical Statistics, 1885-1920. *Biometrika* 54: 341-355. Reed. em Pearson e Kendall, 1970, pp. 339-54.

PEARSON, Egon S. e Maurice G. Kendall, orgs. 1970. *Studies in the History of Statistics and Probability.* Londres, Charles Griffin & Co.

PEARSON, Karl. 1895. Contributions to the Mathematical Theory of Evolution, II. Skew Variation in Homogeneous Material. *Philosophical Transactions of the Royal Society of London* (A) 186: 343-414.

—. 1900. On the Criterion that a Given System of Deviations from the Probable in the Case of a Correlated System of Variables is such that it Can Be Reasonably Supposed to Have Arisen from Random Sampling. *London, Edinburgh and Dublin Philosophical Magazine and Journal of Science* 50:157-175.

—. 1924. Historical Note on the Origin of the Normal Curve of Errors. *Biometrika* 16: 402-404.

PEASE, Arthur S., org. 1920. *Cicero's De divinatione.* Urbana, University of Illinois.

PEATMAN, John Gray e Roy Shafer. 1942. A Table of Random Numbers from Selective Service Numbers. *Journal of Psychology* 14: 295-305.

PEIRCE, Charles Sanders. 1932. *Collected Papers of Charles Sanders Peirce.* Charles Hartshorne e Paul Weiss, orgs. Vol. 2, *Elements of Logic.* Cambridge, Harvard University Press.

PEIRCE, Charles Sanders e Joseph Jastrow. 1884. On Small Differences of Sensation. *Memoirs of the National Academy of Sciences for 1884* 3: 75-83. Reed. em Stigler, 1980, vol. 2.

PETERSON, Ivars. 1988. *The Mathematical Tourist.* Nova York, W. H. Freeman.
——. 1991a. Pick a Sample. *Science News* 140: 56-58.
——. 1991b. Numbers at Random. *Science News* 140: 300-301.
PETRIE, W. M. Flinders e Guy Brunton. 1924. *Sedment I.* Londres, British School of Archaeology in Egypt.
PETRIE, W. M. Flinders e James E. Quibell. 1896. *Nagada and Ballas.* 1895. British School of Archaeology in Egypt. Londres, Bernard Quaritch.
PIAGET, Jean e Barbel Inhelder. 1975. *The Origin of the Idea of Chance in Children.* Trad. Lowell Leake, Jr., Paul Burrell e Harold D. Fishbein. Nova York, W. W. Norton.
POLYA, George. 1962. *Mathematical Discovery.* Nova York, John Wiley and Sons.
POPPER, Karl R. 1959. *The Logic of Scientific Discovery.* Londres, Hutchinson & Co.
PORTER, Theodore M. 1986. *The Rise of Statistical Thinking, 1820-1900.* Princeton, Princeton University Press.
PRESTON, Richard. 1992. Profiles: The Mountains of Pi (David and Gregory Chudnovsky). *New Yorker*, Mar. 2: 36-67.
QUIBELL, James E. 1913. *Egypt: Excavations at Saqqara; Tombs of Hesy. Service des antiquites, 1911-12.* Cairo, Imprimerie de l'Institut Francais.
RABINOVITCH, Nachum L. 1973. *Probability and Statistical Inference in Ancient and Medieval Jewish Literature.* Toronto, University of Toronto Press.
RAND Corporation. 1955. *A Million Random Digits with 100,000 normal deviates.* Glencoe, Ill., Free Press.
REICHENBACH, Hans. 1949. *The Theory of Probability, and Inquiry into the Logical and Mathematical Foundations of the Calculus of Probability.* 2ª ed. Trad. Ernest H. Hutten e Maria Reichenbach. Berkeley, University of California Press.
REMINGTON, J. S. e G. R. Hollingworth. 1995. New Tuberculosis Epidemic: Controversies in Screening and Preventative Therapy. *Canadian Family Physician* 41: 1014-1023.

Report on Second NBSINA Symposium. 1948. *Mathematical Tables and Other Aids to Computation* 3: 546.

RESCHER, Nicholas. 1961. The Concept of Randomness. *Theoria* 27: 1-11.

RHODES, Richard. 1995. *Dark Sun: The Making of the Hydrogen Bomb.* Nova York, Simon and Schuster.

RONAN, Colin A. 1967. *Their Majesties' Astronomers.* Grã-Bretanha, The Bodley Head Ltd. Reed. como *Astronomers Royal.* Garden City, NY, Doubleday, 1969.

SAMBURSKY, S. 1956. On the Possible and Probable in Ancient Greece. *Osiris* 12: 35-48. Reed. em Kendall e Plackett, 1977, pp. 1-14.

———. 1959a. *Physics of the Stoics.* Nova York, Macmillan Co.

———. 1959b. *The Physical World of the Greeks.* Trad. Merton Dagut. Londres, Routledge and Kegan Paul. Reed. 1963.

SHAFER, Glenn. 1978. Non-additive Probabilities in the Work of Bernoulli and Lambert. *Archive for History of Exact Sciences* 19: 309-370.

SHCHUTSKII, Iulian K. 1979. *Researches on the I Ching.* Trad. William L. MacDonald, Tsuyoshi Hasegawa e Hellmut Wilhelm. Princeton, Princeton University Press.

SHEYNIN, O. B. 1968. On the Early History of the Law of Large Numbers. *Biometrika* 55: 459-467. Reed. em Pearson e Kendall, 1970, pp. 231-9.

———. 1971. Newton and the Classical Theory of Probability. *Archive for History of Exact Sciences* 7: 217-243.

———. 1974. On the Prehistory of the Theory of Probability. *Archive for History of Exact Sciences* 12: 97-141.

SHULTZ, Harris S. e Bill Leonard. 1989. Probability and Intuition. *Mathematics Teacher* 82: 52-53.

SIMPSON, Thomas. 1756. A Letter to the Right Honourable George Earl of Macclesfield, President of the Royal Society, on the Advantage of Taking the Mean of a Number of Observations, in Practical Astronomy. *Philosophical Transactions of the Royal Society of London* 49: 82-93.

SMITH, William, William Wayte e G. E. Marindin, orgs. 1901. *A Dictionary of Greek and Roman Antiquities.* 3ª ed. Londres, John

Murray. Art. "Alea", "Divinatio", "Duodecim scrita", "Fritillus", "Latrunculi", "Micare digitis", "Oraculum", "Par impar ludere", "Sibyllini libri", "Situla or sitella", "Sortes", "Talus" e "Tessera".

SOLOMONOFF, Ray J. 1964. A Formal Theory of Inductive Inference. Parte I. *Information and Control* 7: 1-22.

SPENCER BROWN, G. 1957. *Randomness I*. The Aristotelian Society Symposium Proceeding, 12-14 July 1957; Supplementary 31: 145-150. Londres, Harrison and Sons.

STIGLER, Stephen M. 1978. Mathematical Statistics in the Early States. *Annals of Statistics* 6: 239-265.

——. 1980. *American Contributions to Mathematical Statistics*. 2 vol. Nova York, Arno Press.

——. 1986. *The History of Statistics. The Measurment of Uncertainty Before 1900*. Cambridge, Harvard University Press.

——. 1989. Francis Galton's Account of the Invention of Correlation. *Statistical Science* 4: 73-86.

——. 1991. Stochastic Simulation in the Nineteenth Century. *Statistical Science* 6: 89-97.

STONEHAM, R. G. 1965. A Study of 60,000 Digits of the Transcendental e. *American Mathematical Monthly* 72: 483-500.

Student. [William S. Gosset.] 1908a. The Probable Error of a Mean. *Biometrika* 6: 1-25.

——. 1908b. Probable Error of a Correlation Coefficient. *Biometrika* 6: 302-310.

SUETÔNIO. 1914. *De vita Caesarum*. [The Lives of the Caesars.] Trad. J. C. Rolfe. Londres, William Heinemann. Reed. 1924.

SULLIVAN, George. 1972. *By Chance a Winner: The History of Lotteries*. Nova York, Dodd, Mead and Company

TÁCITO, Cornélio. 1948. *Germania*. Trad. H. Mattingly, rev. S. A. Hanford. Middlesex, Penguin Books, 1970.

TEICHROEW, Daniel. 1965. A History of Distribution Sampling Prior to the Era of the Computer and its Relevance to Simulation. *Journal of the American Statistical Association* 60: 27-49.

TIERNEY, John. 1991. Behind Monty Hall's Doors: Puzzle, Debate and Answer? *New York Times*, July 21, pp. A1, A20.

TIPPETT, Leonard H. C. 1925. On the Extreme Individuals and the Range of Samples Taken from a Normal Population. *Biometrika* 17: 364-387.

———. 1927. *Random Sampling Numbers: Tracts for Computers,* n? 15. Com prefácio de Karl Pearson. Londres, Cambridge University Press, 1950.

TODHUNTER, Isaac. 1865. *A History of the Mathematical Theory of Probability from the Time of Pascal to that of Laplace.* Londres, Macmillan. Reed. Nova York, G. E. Stechert and Co., 1931.

TVERSKY, Amos e Maya Bar-Hillel. 1983. Risk: The Long and the Short. *Journal of Experimental Psychology: Learning, Memory and Cognition* 9: 713-717.

TVERSKY, Amos e Daniel Kahneman. 1971. The Belief in the Law of Small Numbers. *Psychological Bulletin* 76: 105-110.

———. 1974. Judgement under Uncertainty: Heuristics and Biases. *Science* 185: 1124-1131.

———. 1982. Evidential Impact of Base Rates. Em Kahneman, Slovic e Tversky, 1982, pp. 153-162.

TYLOR, Edward B. 1873. *Primitive Culture,* vol. 1. 2ª ed. Londres, John Murray. Reed. como *The Origins of Culture.* Nova York, Harper & Row, 1958.

———. 1879. Palestra: The History of Games. *Proceedings of the Royal Institution* 9: 125-139. Reed. em Avedon e Sutton-Smith, 1971, pp. 63-76.

———. 1896. On American Lot-games as Evidence of Asiatic Intercourse before the Time of Columbus. *International Archives for Ethnographie* Supplement 9: 56-66. Reed. em Avedon e Sutton-Smith, 1971, pp. 77-93.

UHLER, H. S. 1951. Many-figure approximations to $\sqrt{2}$, and distribution of digits in $\sqrt{2}$ and $1/\sqrt{2}$. *Proceedings of the National Academy of Sciences of the United States of America* 37: 63-67.

VALLERY-RADOT, René. 1927. *The Life of Pasteur* Trad. R. L. Devonshire. Garden City, NY, Garden City Publishing Co.

VENN, John. 1866. *The Logic of Chance: An Essay on the Foundations and Province of the Theory of Probability with Especial Reference* to its *Application to Moral and Social Science*. Londres, Macmillan. 2ª ed., 1876; 3ª ed., 1888; 4ª ed., 1962. Reed. Chelsea Publishing Co.

VICKERY, C. W. 1939. On Drawing a Random Sample from a Set of Punched Cards. *Journal of the Royal Statistical Society* Supplement 6: 62-66.

VIRGÍLIO. 1952. *The Aeneid.* Trad. C. Day Lewis. Garden City, NY, Doubleday.

WADDELL, L. Austine. 1939. *Buddhism of Tibet or Lamaism.* 2ª ed. Cambridge, W. Heffer and Sons, Ltd. Reed., 1971.

WALKER, Benjamin. 1968. *The Hindu World: An Encyclopedic Survey of Hinduism.* Nova York, Frederick A. Praeger. Art. "Gambling" e "Mahabharata".

WALKER, Helen M. 1929. *Studies in the History of Statistical Method, with Special Reference to Certain Educational Problems.* Baltimore, Williams and Wilkins.

WALLIS, W. Allen e Henry V. Roberts. 1962. Randomness. Cap. 6 de *The Nature of Statistics.* 2ª ed. Nova York, The Free Press.

WEAVER, Warren. 1963. *Lady Luck: The Theory of Probability.* Nova York, Dover Publishing, Inc.

WELDON, Walter F. R. 1906. Inheritance in Animals and Plants. Em *Lectures on the Method of Science,* T. B. Strong, org., pp. 81-109. Londres, Oxford University Press.

WILHELM, Richard. Trad. 1950. *I Ching.* Trad. Cary F. Baynes. Nova York, Pantheon Books.

WINTERNITZ, Moriz. 1981. *Geschichte der Indischen literarur.* [A History of Indian Literature.] Trad. V. Srinivasa Sarma. Déli, Motilal Banarsidass.

WOOLLEY, C. Leonard. s.d. *Excavations at Ur.* Nova York, Thomas Y. Crowell Co.

——. 1928. Excavations at Ur, 1927-28. *Antiquaries Journal* 8: 415-448.

WRENCH, J. W., Jr. 1960. The Evolution of Extended Decimal Approximations to π. *Mathematics Teacher* 53: 644-650.

ÍNDICE ANALÍTICO

Acan, 18-19
adivinhação: na Antiguidade, 9, 14, 18-9, 31, 39-42, 50-1; por sorteio, 35-41; na igreja cristã, 68; na China, 45-7
Adrian, Robert, 110
aleatoriedade: definição de, 173-81, 183-93; testes para verificar, 181-2, 194-7
amostra aleatória, 10, 124-6, 195-7; primeiros usos de, 129-132; e qui-quadrado, 138-141; e distribuição-t, 141-6; e o estudo de Bispham, 146-8; definição de Peirce de, 177. *Ver também* números aleatórios
Antigo Testamento, 37-8, 40

Antiguidade, 9, 14, 19-20; e jogos de azar, 20-31; e adivinhação, 36-42, 50-2; e *I Ching*, 42-49, e livros sibilinos, 49-50
Aramah, rabino Isaac ben Mosheh, 85-6
Arbuthnot, John, 100
Assíria, 20, 38, 41
astrágalo, 9, 22-4, 30, 54, 211
atomistas, 95-6
Augusto (Imperador de Roma), 26

Babilônia, 20, 49
Babington-Smith, B., 151, 194
Beni Hassan, 25
Bernoulli, Daniel, 109-10

Bispham, J. W, 146-8
Blake, William, 51
Boccaccio, 51
Boécio, 51
bootstrapping, 168-9
Bork, Alfred, 150
Brache, Tycho, 102
Bramhall, Dr. (Bispo de Derry), 97-100
Buffon, Georges Louis Leclerc de, 78, 81, 155
Buffon, problema da agulha de, 155
Byrne, Edmund, 212

Cardano, Girolamo, 70, 86-8, 91-3
Chaitin, Gregory, 187
Chaucer, Geoffrey, 51
Chaunce of the Dyse, 68
China, 42-6
Chudnovsky, David V., 182
Chudnovsky, Gregory V., 182
Cícero, 36, 49, 84-5, 87, 174, 190
Clark, A. L., 156
computadores, 10, 154, 159-60, 162-3, 168, 171
Confúcio, 42
confucionismo, 46
conhecimento-zero, verificação de, 169
conjuntos, 64-7, 71
correlação, 133-7, 146-7;
coeficiente de correlação, 137-8, 146

crianças: e noções de acaso, 8, 14-7, 35, 89-90, 192;
inocência das, 36, 42
Crísipo, 96
curva em forma de sino, 110-22, 123. *Ver também* curva normal
curva normal, 110-22, 143-6, 169

dado honesto, 54-5
dados aleatórios artificiais, 127-134, 148
dados: na Antiguidade, 9, 21-2, 26-7, 29-30; palavra para, 23-4; e o papel dos deuses, 33, 51-2; e resultados eqüiprováveis, 53-9, 86-9, 210-1; honestos, 54-7; e eventos simples e compostos, 57-61; e resultados de três dados, 62-72, 211; e acaso *versus* determinismo, 97-101; distribuição das somas de, 104-8, 117; e experiências de Weldon e Darbishire, 132-8; e o estudo de Pearson, 138-9
d'Alembert, Jean Le Rond, 74
Dante, 51
Darbishire, A. D., 132-8
Darwin, Charles, 117, 128, 132
Darwin, George, 128
David, Florence Nightingale, 54

DeForest, Erastus L., 127-8
de Fournival, Richard, 65-7
de Mere, Chevalier, 93
Deming, L. S., 181
Demócrito, 97
De Moivre, Abraham, 11, 57, 113-6
De Morgan, Augustus, 156
desordem, aleatoriedade como, 95, 185-6, 189-3
desvio: de probabilidade, 90; lei do, 118; estatístico, 122; padrão, 144
desvio padrão, 144
determinismo, 96-101, 122, 174, 212
Deus/deuses: como determinador de eventos, 20, 33-4, 84-5, 97, 211-2; e sorteios para manifestar a vontade divina, 17-9, 35-8, 84-5
distribuição da população, informação sobre, 3-4, 7-8
distribuição gaussiana, 112
distribuição uniforme de probabilidades, 55-6
distribuição-t, 143. *Ver também* distribuição-t de Student
distribuição-t de Student, 143-6, 169

Edgeworth, Francis Ysidro, 129-32, 138
Efron, Bradley, 168

Egito, 9, 20-2, 24-5, 49
Eisenhart, C., 181
Enéas, 50
Eneida, 131
Epicuro, 97
"eqüiprováveis", 53-9; e eventos compostos, 58-62, 71, 211; e seqüências, 64-8, 73-7; a longo prazo, 82-91, e a visão freqüentista, 175-8
erro: e falso-positivos, 5; de observação, 101-5, 108-10, 113, 116, 127, 170, 174; distribuição do, 104-16, 117-8, 120, 122, 141
escolha restrita, 205-6
esquimós, 30
estóicos, 96
eventos, 82-91, 190-3; eqüiprováveis, 53-55; simples, 57-61; compostos, 57-61, 71, 210-1; sem causa, 95-6; contingentes, 97-8; aleatórios, 87, 99, 103, 113, 124, 174

falso-negativos, 5-7
falso-positivos, 4-7
Fechner, Gustav Theodor, 125-6, 128, 188
Fermat, Pierre de, 93
Fibonacci, Leonardo, 165
Fibonacci, seqüência de, 165-6
Fisher, R. A., 151
Fortuna, 36, 51-2

Fox, Capitão, 156
freqüentistas, 184

Galileu, 54, 70-1, 91-3, 102
Galton, Francis, 117-20, 128, 138
Gauss, Carl Friedrich, 110, 113, 123-4
geradores, de números aleatórios: por computador, 159-62, 166; pelo método do meio do quadrado, 160-1; congruenciais, 162-3; baseados na teoria dos números, 162, 164-8; de estrutura binária, 162; de soma com vai-um, 165-8
Gosset, William Sealy, 141-6, 148
Grécia: e jogos de azar, 9, 23-4, 26; e adivinhação, 9, 49; e a guerra de Tróia, 33-4; filosofia da, 95-6, 122, 211
Greenwood, Robert E., 181
Guerra de Tróia, 33-4
Guinness Son and Company, 141-3

Hacking, Ian, 29, 189-90
Hailey, Charles, 83
Hatasu (rainha do Egito), 24
Heitor, 34, 36
Helena (de Tróia), 34
Heleno, 50
Helfand, David, 83

Hobbes, Thomas, 97-100
Homero, 33-6
Horton, H. Burke, 152-3
Hume, David, 175
Huygens, Christiaan, 100

I Ching, 42-6; com moedas, 44-6; com carapaças de tartaruga, 47; com hastes de milefólio, 44-7
Idade Média, 36, 51, 97, 212
igreja cristã, 97-8, 212
ilusão do jogador, 89-90
imparcialidade, 14, 34, 51, 90. *Ver também* jogo honesto; loterias
indeterminismo, 97-9, 126, 188
Índia, 27-30
indiferença, princípio da, 175, 178, 184, 186-7
índios americanos, 30-31
índios papago, 30
Indo, vale do, 9, 22
inferência estatística, 9, 168-9
Inhelder, Barbel, 8, 35, 89
Interstate Commerce Commission (ICC), 152
intuição, 71, 199, 211, 213

Jackson, Shirley, 18
Jastrow, Joseph, 128
jogo honesto, 73, 76-7
jogos de azar, 10; na Antiguidade, 27; e os matemáticos, 70, 91, 93,

120; e a intuição, 71, 89, 213; o problema de Petersburgo, 79-80; e as leis da probabilidade, 86-91, 93; jogos viciados, 139; e sistema desleal de apostas, 183-4, 188
Jonas, 85
Josué, 18

Kahneman, Daniel, 2-3, 8, 90
Keene, G. B., 189
Kendall, M. G., 151, 194, 212
Keynes, John Maynard, 177
Kirschenmann, Peter, 189
Knuth, Donald, 166
Kolmogorov, Andrei, 185-6, 196

Laplace, Pierre-Simon de, 110-3, 116-7, 123-4, 155
Lazzerini, Mario, 156
Lehmer, D. H., 163-4
Leucipo, 97
Liber de ludo aleae (O Livro dos jogos de azar), 70
livros sibilinos, 49-50
"*lot*", significado da palavra, 38. *Ver também* sorteios
Lucrécio, 97

Mahabharata, 27-9
Maimônides, Moisés, 37
Maquiavel, 51
Marsaglia, George 164-5

média (aritmética), 103-4, 112, 118, 124, 129-33, 143, 174-5
Menelau, 34
Mesopotâmia, 9, 21, 41. *Ver também* Babilônia
método de Monte Carlo, 154-5, 165
Metropolis, N. C., 181
Mill, John Stuart, 175-6
módulo, 163
morra, 25-6

Nala, a história de, 28
Newton, Isaac, 100; física newtoniana, 100, 122
Noé, 49
números aleatórios: geração de, 149-54, 159-68, 171; usos de, 154, 159, 168-71; gerados por computador, 159, 160-1, 166; período de, 162, 163-4, 166
números irracionais: e, 181; π, 155-6, 160, 178-82; $\sqrt{2}$, 181

Ovídio, 132

Palestina, 20
par ou ímpar, jogo do, 25-7, 29, 31
paradoxo da data do nascimento, 200-1
paradoxo das roletas intransitivas, 207-9

paradoxo de Simpson, 209-10
paradoxo do Carcereiro, 203-5
Páris, 34
pasakas, 30
Pascal, Blaise, 93
Pathria, R. K., 181
Pearson, Karl, 138-41, 150-1
Peatman, J. G., 151-2
Peirce, Charles Sanders, 128, 177
Pérsia, 49
pi, *ver* números irracionais
Piaget, Jean, 8, 35, 89
Polya, George, 199
Popper, Karl, 193
Problema de Monty Hall, 206-7
Problema de Petersburgo, 78-82, 84

Quételet, Adolphe, 122
quincunx, 118-21, 138
qui-quadrado, 138-41

rapsodomancia, 48-9
Reina, 156
Reitwiesner, G., 181
Renascimento, 51, 70
Rescher, Nicholas, 189-90
Revolução Científica, 100-1
Rgveda Samhita (O Lamento do Jogador), 27
Roma: e os jogos de azar, 9, 23-4, 26-7, 65; e o papel dos deuses, 9, 51-2; e os livros sibilinos, 49

Salomão 40
seleção aleatória, 13-9, 148, 177-8, 190
seqüências, 62-7, 70-1, 73-6
Shafer, R., 152
Shu Ching, 47
significância, teste de, 129-30, 193
Simpson, Thomas, 104-9
Smith, Ambrose, 155
sorteio do alistamento militar, 1, 39, 152, 196
sorteios: e o alistamento militar, 1, 39, 152, 196; na Antiguidade, 9, 18-9, 33-7, 37-8, 40-1; imparcialidade dos, 16-9, 34, 38-9, 42; como expressão da vontade divina, 18-9, 33-7, 40-1, 86
Spencer Brown, G., 190-1
Stoneham, R. G., 181
Su Hsun, 46
Suetônio, 26

tabuleiros de jogos, 20-21, 24
Tácito, 35
Talmude, 24, 38
Tebas, 24-5
técnicas de reamostragem, 168
Teorema do Limite Central, 112-3, 123-4, 143-4
teoria da freqüência, 176, 183-4, 187
teoria do caos, 170

Tippett, Leonard H. C., 149-52, 197
Tippett, números de amostragem aleatória de, 151
Tutancâmon, 24
Tversky, Amos, 2-3, 8, 90

Uhler, Horace S., 181
Ulam, Stanislaw, 156

variável aleatória: discreta, 108; contínua, 108-9
Venn, John, 176-81, 189, 191
Vênus, jogada de, 23, 84

Virgílio, 50, 131
von Mises, Richard, 183-5, 188
von Neumann, John, 156, 160, 181, 197
vos Savant, Marilyn, 90, 206

Weldon, Walter F. R., 132-40
Wibold (Bispo de Cambray), 68
Wilhelm, Richard, 48
Wolf, Richard, 155
Wrench, J. W, Jr., 181

Yates, F., 151

Zaman, Arif, 165

Cromosete
Gráfica e editora ltda.

Impressão e acabamento.
Rua Uhland, 307 - Vila Ema
03283-000 - São Paulo - SP
Tel./Fax: (011) 6104-1176
Email: cromosete@uol.com.br